全国高职高专计算机立体化系列规划教材

数据结构(C/C#/Java 版)

主　编　唐懿芳　陶　南　林　萍

副主编　钟丽萍

北京大学出版社

PEKING UNIVERSITY PRESS

内 容 简 介

　　本书把数据结构的相关代码分别用 C/C#/Java 3 种主流语言写出来，方便读者对照快速掌握。在内容安排上，本书力图将生动有趣的三国故事穿插于各知识点中，希望学习各种编程语言的读者都能够得心应手地学好"数据结构"这门课程，使得读者在学习过程中没有太多的畏难心理。

　　本书有较强的针对性，重点突出、生动有趣，强调数据结构的应用和分析问题能力的培养。本书按照工学结合教材的编写思路，精心设计了 5 个教学环节——教学目标、引例、知识点讲解、本章小结、实训操作和习题，使读者在反复动手实践中，学会应用所学知识解决实际问题的能力。

　　本书适合高职高专计算机相关专业的学生使用。

图书在版编目(CIP)数据

数据结构. C/C#/Java 版/唐懿芳，陶南，林萍主编. —北京：北京大学出版社，2013.9
(全国高职高专计算机立体化系列规划教材)
ISBN 978-7-301-23014-5

Ⅰ. ①数… Ⅱ. ①唐…②陶…③林… Ⅲ. ①数据结构—高等职业教育—教材②C 语言—程序设计—高等职业教育—教材③Java 语言—程序设计—高等职业教育—教材 Ⅳ. ①TP311.12②TP312

中国版本图书馆 CIP 数据核字(2013)第 187235 号

书　　　　名：	数据结构(C/C#/Java 版)
著作责任者：	唐懿芳　陶　南　林　萍　主编
策 划 编 辑：	李彦红
责 任 编 辑：	李　辉
标 准 书 号：	ISBN 978-7-301-23014-5/TP・1301
出 版 发 行：	北京大学出版社
地　　　　址：	北京市海淀区成府路 205 号　100871
网　　　　址：	http://www.pup.cn　新浪官方微博：@北京大学出版社
电 子 信 箱：	pup_6@163.com
电　　　　话：	邮购部 62752015　发行部 62750672　编辑部 62750667　出版部 62754962
印 　刷 　者：	三河市博文印刷厂
经 销 者：	新华书店

　　　　　　　　787mm×1092mm　16 开本　16.75 印张　392 千字
　　　　　　　　2013 年 9 月第 1 版　　2013 年 9 月第 1 次印刷

定　　　　价：	32.00 元

前　言

　　本书是广东科学技术职业学院工学结合教材建设的广东省精品资源共享课程——数据结构的配套教材。本书参考了国际上一些相关的专著和多所国内高职院校的同类教材，结合全体参编教师多年的教学经验和实际教学条件编撰而成。

　　数据结构是软件开发技术的一门专业基础课，是基础课和专业课之间的桥梁，它贯穿了软件开发的整个过程。本课程应安排 64 个学时，其中 32 个学时为理论学习，32 个学时为实训。

　　课程组教师结合多年的教学经验和现在流行的面向对象语言的开发特点，发现面向对象的编程，无论是 Visual C#，还是 Java，都没有提及指针的概念，所以课程组大胆地把数据结构的难点——链表结构，打造出一个相对容易的只有顺序存储的数据结构。为了方便学习，把数据结构的相关代码分别用 C/C#/Java 3 种主流语言写出来，方便同学对照快速掌握。在内容安排上，本书力图将生动有趣的三国故事穿插于各知识点中，希望学习各种编程语言的同学都能够得心应手地学好数据结构这门课程，使得学生在学习过程中没有太多的畏难心理。这就是设置数据结构之三国演义的初衷。与其他同类教材相比，本书具有以下特点：

　　(1) 教材有较强的针对性、重点突出。本书适用于高职高专的相关专业，重点介绍用 3 种主流编程语言实现数据结构及其算法，目的是加深读者对编程语言及其逻辑结构的深刻理解，从而有效提升读者的业务逻辑分析水平。

　　(2) 教材生动有趣。课程组注意到传统的授课内容过于丰富，涉及的技术和方法过多，课程内容相对来说抽象、枯燥，学生学习课程时，不能体会到数据结构的应用价值，更谈不上将数据模型应用到实际工程项目中去。针对这一情况，课程组用大家相对熟悉的三国小故事作为案例导入，让读者在轻松有趣的环境中掌握知识。

　　(3) 突出数据结构的应用和分析问题能力的培养。本书按照工学结合教材的编写思路，精心设计了 5 个教学环节——教学目标、引例、知识点讲解、本章小结、实训操作和习题，使读者在反复动手实践中，学会应用所学知识解决实际问题。

　　本书的编写出版是本课程全体教学人员集体智慧的结晶。在编写过程中，初稿是指定人员撰写的，然后相互校阅得出第二稿，在此基础上花了较多的时间和精力进行集体审稿得出第三稿，最后统稿、审稿后得以出版。第 1、6、7 章由唐懿芳编写；第 2、3 章由陶南编写；第 4、5 章由钟丽萍编写；第 8、9 章由林萍编写。

　　感谢广东科学技术职业学院余爱民教授、曾文权副教授和龙立功为本书的完善给予的无私帮助和支持。同时也向支持和参与本书编写工作的同仁表示感谢！

　　要编写一本令人满意的书真不是一件容易的事，尽管我们小心翼翼，但书中难免有疏漏和不足之处，敬请读者不吝指正。

编　者

2013 年 4 月

目　　录

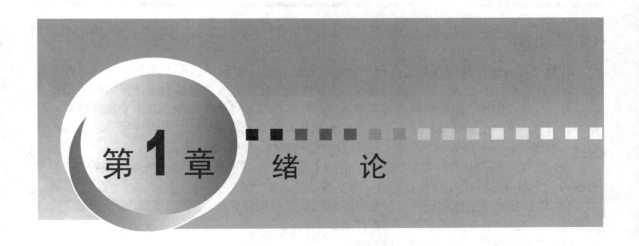

第 **1** 章　绪　　论

　教学目标

　　本章将介绍数据结构这门课程的相关知识，包括数据结构的概念、课程的主要内容、3 种基本逻辑结构、算法的概念和算法评价的度量等知识。通过本章的学习，应能使学生大概了解数据结构这门课程。

　教学要求

知识要点	能力要求	相关知识
数据结构的概念	会用数据结构的概念解释日常生活中的问题	数据对象等概念
课程的内容	掌握逻辑结构、存储结构等知识点	逻辑、存储结构的概念
3 种基本结构	能找到现实生活中线性、树和图 3 种结构的实例	线性、树型和图状的模型
算法的概念	会运用算法的 5 个特性准则编写程序	算法的 5 个特性
算法的评价	会用算法效率的评价指标评价算法的效率	时间、空间复杂度

　引例

　　"滚滚长江东逝水，浪花淘尽英雄。是非成败转头空，青山依旧在，几度夕阳红。白发渔樵江渚上，惯看秋月春风。一壶浊酒喜相逢，古今多少事，都付笑谈中。"杨慎的《临江仙》让人们想起了《三国演义》中滚滚东逝的长江水，波澜壮阔，顿感豪情满怀、气象万千。虽然这些英雄人物早已不在，但他们的计谋智慧犹如闪光的星辰，总能在黑夜里给人们指引方向。

1.1　学习数据结构的意义

　　正如引例所说，古今英雄要成事，就要想好计谋。软件开发也要多动脑筋，想到好的解决办法才能更快更好地编写出效率更高的程序。学习数据结构这门课程的目的正是使学生更快地编写出更高效的程序。

1.1.1　引言

计算机完成的任何操作都是在程序的控制下进行的，而程序的根本任务就是进行数据处理。随着计算机在各行各业应用的日益深入，计算机所处理的数据对象也由纯粹的数值型发展到字符、表格、图形、图像和声音等多种形式，计算机要处理这些数据，首先要将这些数据存储在计算机内存中。如何将程序中要处理的数据进行合理地存储，以及采用何种方法能够高效地进行数据处理是程序设计的关键，也是数据结构要解决的重要问题。

在广泛采用可视化程序设计的今天，借助于集成开发环境虽然可以很快地生成程序，但要想成为一个专业的程序开发人员，至少需要满足以下 3 个条件。

(1) 能够熟练地选择和设计各种业务逻辑的数据结构和算法。

(2) 至少要能够熟练地掌握一门程序设计语言。

(3) 熟知所涉及的相关应用领域知识。

其中，后两个条件比较容易实现，而第一个条件则需要花很多时间和精力才能够达到，而它恰是区分一个程序设计人员水平高低的一个重要标志。数据结构贯穿程序设计的始终，缺乏数据结构和算法的功底，很难设计出高水平的应用程序。瑞士著名的计算机科学家沃思(N·Wirth)提出了以下式子：算法+数据结构=程序。这正说明了数据结构的重要性。

例如，计算机要处理一批杂乱无章的数据，需对其进行有序化处理，计算机解决问题的步骤是什么呢？

首先要考虑应如何将这批数据进行合理地存储；然后考虑应采用什么有效的方法对这些数据进行有序化；最后选择一种编程语言实现以上方法。其实用计算机解决任何数据处理的问题，都需要经过以上过程才能实现。

数据结构主要研究和讨论以下三方面问题。

(1) 数据集合中各数据元素之间的关系。

(2) 在对数据进行处理时，各数据元素在计算机内的存储关系，即数据的存储结构。

(3) 针对数据的存储结构进行的运算。

解决好以上问题，可以大大提高数据处理的效率。

1.1.2　数据结构研究的内容

数据结构可定义为一个二元组：Data_Structure=(D，R)，其中 D 表示数据元素的有限集，R 表示 D 之间的关系。数据结构具体应包括以下方面：数据的逻辑结构及算法、数据的存储结构和数据的运算集合。

1. 逻辑结构

数据的逻辑结构是指数据元素之间逻辑关系的描述。根据数据元素之间关系的特性，数据结构有 3 种基本的逻辑结构，如图 1.1 所示。

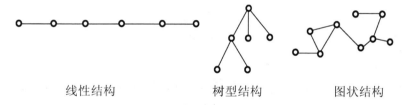

线性结构　　　　　　树型结构　　　　　　图状结构

图 1.1　3 种基本逻辑结构

(1) 线性结构。结构中的数据元素之间存在着一对一的线性关系。线性结构将在第 2 章详细讲解。

(2) 树型结构。结构中的数据元素之间存在着一对多的层次关系。树型结构将在第 6 章详细讲解。

(3) 图状结构。结构中的数据元素之间存在着多对多的任意关系。图状结构将在第 7 章详细讲解。

2. 逻辑结构的延伸及基本算法

(1) 串。串是字符串的简称，它的每个数据元素都由一个字符组成，串是一种特殊的线性结构。串结构将在第 4 章详细讲解。

(2) 数组。数组是一种数据类型，它是一种顺序存储结构，将在第 5 章详细讲解数组中各个元素的相对存放位置，以及如何用数组存放特殊矩阵，并实现矩阵的运算。

(3) 查找。数据结构要跟算法结合起来才有意义，查找算法是数据结构在算法中的应用，在现实生活中也经常用到查找。查找算法将在第 8 章详细讲解。

(4) 排序。排序算法将在第 9 章详细讲解。

3. 存储结构

存储结构(物理结构)是逻辑结构在计算机中的存储映像，是逻辑结构在计算机中的实现(存储表示)，它包括数据元素的表示和关系的表示。有数据结构 Data_Structure=(D，R)，对于 D 中的每一数据元素都对应有存储空间中的一个单元，D 中全部元素对应的存储空间必须明显或隐含地体现关系 R。逻辑结构与存储结构的关系为：存储结构是逻辑结构的映像与元素本身的映像。逻辑结构是抽象，存储结构是实现，两者综合起来建立了数据元素之间的结构关系。存储结构一般有顺序存储和链表存储两种方式。本书的存储结构都采用顺序存储。

4. 运算集合

讨论数据结构是为了在计算机中实现所需的操作，施加于数据元素之上的一组操作构成了数据的运算集合，因此运算集合是数据结构很重要的组成部分。

1.2　数据结构的基本概念

数据结构有以下几个基本概念。

1. 数据

数据是描述客观事物的数值、字符以及所有其他能输入到计算机中，且能被计算机处理的各种符号的集合。简言之，数据就是存储在计算机中的信息。

2. 数据元素与数据项

数据元素是组成数据的基本单位，是数据集合的个体，在计算机中通常作为一个整体进行考虑和处理。一个数据元素可由一个或多个数据项组成，数据项是有独立含义的最小单位(不可再分割)。如每一个学生的信息是一个数据元素，它包含学号、姓名等多个数据项。

3. 数据对象

数据对象是性质相同的数据元素的集合，是数据的一个子集。例如：整数数据对象是集合 N={0，±1，±2，…}，字母字符数据对象是集合 C={'A'，'B'，…，'Z'}，无论数据元素集合是无限集(如整数集)、有限集(如字符集),还是由多个数据项组成的复合数据元素,只要性质相同,都是同一个数据对象。

4. 数据类型

数据类型是一组性质相同的值集合以及定义在这个值集合上的一组操作的总称。值集合确定了该类型的取值范围,操作集合确定了该类型中允许使用的一组运算。例如高级语言中的数据类型就是已经实现的数据结构。

5. 抽象数据类型

抽象数据类型是指基于一类逻辑关系的数据类型。抽象数据类型的定义取决于客观存在的一组逻辑特性,而与其在计算机内如何表示和实现无关。

1.3 算法及其描述

算法是解决问题的方法,是程序设计的精髓,程序设计的实质就是构造解决问题的算法。算法的设计取决于数据的逻辑结构,算法的实现取决于数据的存储结构。

1.3.1 算法的概念和特性

算法是对特定问题求解步骤的一种描述,它是指令的有限序列。做任何事情都必须事先想好进行的步骤,然后按部就班地进行,才不会发生错误,计算机解决问题也是如此。对于一些常用的算法应该熟记,比如求阶乘、求素数、求是否闰年等算法,在解决实际问题时,可参考已有的类似算法,按照业务逻辑设计出符合自己要求的算法。

一个算法应该具有以下 5 个重要特性。

1. 有穷性

一个算法应包含有限个操作步骤,即一个算法在执行若干个步骤之后应该能够结束,而且每一步都在有限时间内完成。

2. 确定性

算法中的每一步都必须有确切的含义,不能产生二义性。

3. 可行性

算法中的每一个步骤都应该能有效地执行,并得到确定的结果。

4. 输入

所谓输入,是指在算法执行时从外界取得的必要数据。计算机运行程序是为了进行数据处理,在大多数情况下,这些数据需要通过输入得到。有些情况下,数据已经包含在算法中,算法执行时不需要任何数据,所以一个算法可以有零个或多个输入。

5. 输出

一个算法有一个或多个输出,输出是算法进行数据处理后的结果。没有输出的算法是毫无意义的。

算法的这些特性可以约束程序设计人员正确地书写算法,并使之能够正确无误地执行,达到求解问题的预期效果。

本书所讨论的算法，可用不同的方式进行描述，常用的有类 Pascal、类 C、类 C++、类 Java 程序设计语言，本教材同时以类 C、类 C#、类 Java 这 3 种程序设计语言为描述工具，方便广大学生学习。

1.3.2　算法设计的要求

算法设计的好坏关乎程序的执行效率，算法的设计必须满足下列 4 个要求。

1. 正确性

正确性的含义是：算法对于一切合法的输入数据都能够得出满足要求的结果。事实上要验证算法的正确性是极为困难的，因为通常情况下合法的输入数据量太大，用穷举法逐一验证是不现实的。所谓的算法正确性是指算法达到了测试要求。

2. 可读性

算法的可读性是指人对算法阅读理解的难易程度，可读性高的算法便于交流，有利于算法的调试和修改。通常是在书写算法时采用按缩进格式书写、分模块书写等方法以增加算法的可读性。

3. 健壮性

对于非法的输入数据，算法能给出相应的响应，而不是产生不可预料的后果。

4. 效率与低存储量需求

效率指的是算法的执行时间。对于解决同一问题的多个算法，执行时间短的算法效率高。存储量需求指算法执行过程中所需要的最大存储空间。存储量需求越小的算法效率越高。

1.3.3　算法的分析

解决一个问题可以有多种算法，那么该怎样判断它们的优劣呢？判断算法优劣的标准很多，这里不做深入讨论，但一个算法除了正确性必须保证外，另一个主要指标是它的效率。

算法执行的时间是其对应的程序在计算机上运行所消耗的时间。程序在计算机上运行所需时间与下列因素有关。

(1) 算法本身选用的策略。

(2) 书写程序的语言。

(3) 编译产生的机器代码质量。

(4) 机器执行指令的速度。

(5) 问题的规模。

度量一个算法的效率应抛开具体机器的软、硬件环境，而书写程序的语言、编译产生的机器代码质量、机器执行指令的速度都属于软、硬件环境。对于一个特定算法只考虑算法本身的效率，而算法自身的执行效率是问题规模的函数。对于同一个问题，选用不同的策略就对应不同的算法，不同的算法对应有各自的问题规模函数，根据这些函数就可以比较算法的优劣。算法的效率包括时间与空间两个方面，分别称为时间复杂度和空间复杂度。

1. 算法的时间复杂度

一个算法的执行时间大致上等于其所有语句执行时间的总和，对于语句的执行时间是指该条语句的执行次数和执行一次所需时间的乘积。语句执行一次实际所需的具体时间与机器的速度、编译程序质量、输入数据等密切相关，与算法设计的好坏无关。所以，可用算法中语句的执行次数来度量一个算法的效率。

首先定义算法中一条语句的语句频度，语句频度是指语句在一个算法中重复执行的次数。以下给出了两个 $n \times n$ 阶矩阵相乘算法中的各条语句以及每条语句的语句频度。

语句	语句频度

```for(i=0;i<n;i++)```
`{`
    `for (j=0;j<n;j++)`
    `{`
    `c[i][j]=0;`
      `for (k=0;k< n; k++)`
        `c[i][j]=c[i][j]+a[i][k]*b[k][j];`
    `}`
`}`
	$n+1$
	
	n^2+n
	
	n^2
	n^3+n^2
	n^3

算法中所有语句的总执行次数为 $Tn=2n^3+3n^2+2n+1$，即语句总的执行次数是问题的规模 n 的函数 $f(n)(Tn= f(n))$。进一步地简化，可用 Tn 表达式中 n 的最高次幂来度量算法执行时间的数量级，即算法的时间复杂度，记作：

$$T(n)=O(f(n))$$

上式是 $Tn=f(n)$ 中忽略其系数的 n 的最高幂次项，它表示随问题规模 n 的增大算法的执行时间的增长率和 $f(n)$ 的增长率相同，称作算法的渐进时间复杂度，简称时间复杂度。如上个算法的时间复杂度 $T(n)=O(n^3)$。

算法中所有语句的总执行次数 Tn 是问题规模 n 的函数，即 $Tn=f(n)$，其中 n 的最高次幂项与算法中称作原操作的语句的语句频度对应，原操作是算法中实现基本运算的操作，在上面的算法中的原操作是 `c[i][j]=c[i][j]+a[i][k]*b[k][j]`。一般情况下原操作由最深层循环内的语句实现。

$T(n)$ 随 n 的增大而增大，增长得越慢，其算法的时间复杂度越低。下列 3 个程序段中分别给出了原操作 count++ 的 3 个不同数量级的时间复杂度。

```
(1)count++;
```

其时间复杂度为 $O(1)$，称之为常量阶时间复杂度。

```
(2)for (i=1; i<= n; i++)
        count++;
```

其时间复杂度为 $O(n)$，是线性阶时间复杂度。

```
(3)for (i=1; i<= n; i++)
        for (j=1;j<= n; j++)
            count++;
```

其时间复杂度为 $O(n^2)$，是平方阶时间复杂度。

此外，算法能呈现的时间复杂度还有对数阶 $O(\log_2 n)$、指数阶 $O(2^n)$ 等。

2. 算法的空间复杂度

采用空间复杂度作为算法所需存储空间的量度，记作：

$$S(n)=O(f(n))$$

其中 n 为问题的规模。

程序执行时，除了需存储本身所用的指令、常数、变量和输入数据以外，还需要一些对数据进行操作的辅助存储空间。

其中对于输入数据所占的具体存储量只取决于问题本身，与算法无关，这样只需要分析该算法在实现时所需要的辅助空间单元数就可以了。

算法的执行时间和存储空间的耗费是一对矛盾体，即算法执行的高效通常是以增加存储空间为代价的，反之亦然。不过，就一般情况而言，常以算法执行时间作为算法优劣的主要衡量指标。

本 章 小 结

本章主要介绍了数据结构的基本概念,学习数据结构这门课程的意义,算法的概念和特性,以及算法效率的两个度量标准。

本 章 习 题

1. 填空题

(1) 数据逻辑结构包括_____、_____和_____3 种类型。

(2) 线性结构中的元素之间存在_____的关系，树型结构的元素之间存在_____的关系，图状结构的元素之间存在_____的关系。

(3) 算法的设计要求包括：正确性、可读性、健壮性和_____，可读性的含义是_____，健壮性是指_____。

(4) 算法的时间复杂度与空间复杂度相比，通常以_____作为主要度量指标。

2. 选择题

(1) 在数据结构中，从逻辑上可以把数据结构分成(   )。

    A. 动态结构和静态结构   B. 紧凑结构和非紧凑结构

    C. 线性结构和非线性结构   D. 内部结构和外部结构

(2) 计算机算法指的是(   )。

    A. 计算机方法   B. 排序方法

    C. 解决问题的有限步骤   D. 调度方法

3. 简答题

给出下列算法中原操作语句的语句频度及程序段的时间复杂度。

程序 1

```
i=1;k=0;
while(i<=n-1)
{
   k=k+2*i;
   i++;
}
```

程序 2

```
i=1;k=0;
do
{
    k=k+2*i;
    i++;
}
    While(i!=n)
```

程序 3

```
x=91;n=100;
while(n>0)
if(x>100)
{
    x=x-10;
    n=n-1;
}
else
    x++;
```

程序 4

```
x=n;y=0;
while(x>=(y+1)*(y+1))
    y++;
```

4. 算法设计题

(1) 设计从若干个整数中挑选最大值的算法，描述其算法，并对该算法进行分析。

(2) 已知有 n 个数组元素，设计一个算法，将数组中元素逆置，要求转换中用尽可能少的辅助空间，并分析该算法的时间和空间复杂度。

第 **2** 章　线性表之桃园三结义

　教学目标

线性表是一种应用十分广泛的数据结构，也是其他许多有用的数据结构的基础。本学习情景将介绍线性表的概念、运算以及常用的实现方法——顺序存储实现，并通过一个有趣的案例介绍线性表的应用。

　教学要求

知识要点	能力要求	相关知识
线性表定义	理解线性表的定义，掌握线性表的特征和基本运算	线性表
顺序表存储结构	能够使用顺序表的存储结构解决实际问题	顺序表
顺序表基本运算	能实现顺序表的各种基本运算	顺序表

　引例

话说刘备、关羽和张飞 3 位仁人志士，为了共同开创一番大事业，意气相投、言行相依，选在一个桃花盛开的季节，在一个桃花绚烂的园林，举酒结义，对天盟誓，有苦同受，有难同当，有福同享，共同实现人生的美好理想。事实是不是真的如此呢？其实，张飞同学有话要说——"咳咳，是这么回事，当时大家打了一盘"三公"（一种流行于南方地区的扑克牌游戏），而刘备赢了，结果他当了老大。"

要在计算机上编写扑克牌游戏，首先需要确定如何表示每个人手上的扑克牌，然后再进行相关的操作，如洗牌、发牌等。这种扑克牌数据及其操作可以用线性表及其相关运算来实现。

2.1　线性表的定义

线性表是最基本、最简单，也是最常用的一种数据结构。线性表中数据元素之间是一对一的关系，即除了第一个和最后一个数据元素之外，其他数据元素都是首尾相接的。线性表的逻辑结构简单，便于实现和操作。因此，线性表在实际应用中是应用最广泛的一种数据结构。

2.1.1 定义

线性表是一个含有 n≥0 个结点的有限序列，表示为：

$$(a_1, a_2, \cdots, a_n)$$

其中，n 为数据元素的个数，也称表的长度；空表的 n=0，记为()。

非空线性表具有如下特征。

(1) 有且仅有一个开始结点 a_1，它没有直接前趋，而且仅有一个直接后继 a_2。

(2) 有且仅有一个终端结点 a_n，它没有直接后继，而且仅有一个直接前趋 a_{n-1}。

(3) 其余的内部结点 $a_i (2 \leq i \leq n-1)$ 都有且仅有一个直接前趋 a_{i-1} 和一个直接后继 a_{i+1}。

线性表具有均匀性和有序性两大特点：对于均匀性，同一线性表的各数据元素必定具有相同的数据类型和长度；而有序性体现在各数据元素在线性表中的位置只取决于它们的序号，数据元素之间的相对位置是线性的。

现实生活中有很多线性表的例子，如 26 个英文字母构成的表(a, b, c, …, z)是一个线性表，全班同学的英语成绩表(88，99，87，56，54，70，67)是一个线性表，这些由单个数据元素组成的线性表称为简单线性表；而人们常玩的扑克牌，其数据元素——牌，是由牌点、花色两项组成的，是复合数据类型，这种类型的线性表称为复合线性表，如图 2.1 所示。

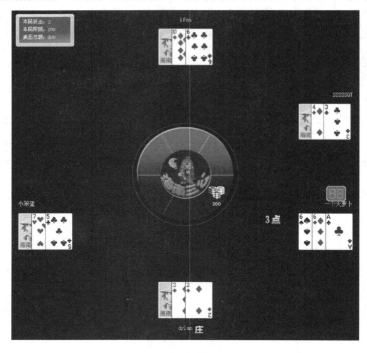

图 2.1 扑克牌线性表

2.1.2 基本运算

利用线性表中给定的线性关系，可以在线性表上组织各种各样的运算与操作。线性表的常规运算包括以下几种。

(1) 求表长——求线性表中元素的个数。

(2) 遍历——从左到右(从右到左)扫描(读取)表中的各元素。

(3) 按编号查找——找出表中第 i 个元素。

(4) 按特征查找——按某个特定值查找线性表。

(5) 插入——在第 i 个位置上(原第 i 个元素前)插入一新元素。

(6) 删除——删除原表中的第 i 个元素。

(7) 排序——按元素某特征值的递增(递减)排序，重排表中各元素。

在实际使用中线性表还可能有其他运算，如将两个或多个表组合成一个新线性表，把一个线性表拆分成若干个线性表，复制一个线性表等。

2.2　顺序线性表

抽象的线性表可以在计算机中用不同方式来实现。其中，使用最多的方法是顺序存储实现和链式存储实现。本章主要介绍顺序存储实现方式，有关链式存储方式的实现，有兴趣的同学可以自己找材料学习。

2.2.1　顺序表的定义

从本质上说，线性表的顺序存储实现就是一个向量，即一维数组。数组存区就是线性表中元素的存区部分，而下标的增序则表达了线性表的线性关系。

具体的说，线性表的顺序存储用 3 种语言的数组描述如下：

C

```
#define MaxSize 100
typedef  struct
{
    ElementType  elem[MaxSize];   /* 线性表占用的数组空间*/
    int  listlength;              /* 线性表的实际长度*/
}SeqList;
```

C#

```
class SeqList
{
    const int MaxSize=100;
    object[] elem=new object[MaxSize];
    int listlength=0;
}
```

Java

```
class SeqList
{
    final int MaxSize=100;
    Object[] elem=new Object[MaxSize];
    int listlength=0;
}
```

注意，一维数组的下标(从 0 开始)，与元素在线性表中的顺序(从 1 开始)一一对应。线性表的元素个数始终不超过 MaxSize，数组元素的类型为 object，它可以是简单类型，如 int、string 等，也可以是对象类型。

若将线性表 sl 定义为：

```
SeqList sl;                       /*C 语言形式定义*/
SeqList sl=new SeqList();         /*C#语言形式定义*/
SeqList sl=new SeqList();         /*Java 语言形式定义*/
```

则线性表 sl 中序号为 i 的元素对应数组的下标是 i-1，即 sl 用 sl.elem[i-1]表示，sl 的长度用 sl.listlength 表示。

前面的例子中曾谈到"三公"游戏，那么如何正确表示扑克牌的花色和大小呢？通常用两个字段表示每张扑克牌，即花色和大小。花色用字符串表示，而大小用整型表示。如字符♥表示红桃、字符♠表示黑桃、字符♦表示方块、字符♣表示梅花。张飞抓了 3 张牌 ，就可以表示为向量(♠8，♦9，♥2)。

上述扑克牌的顺序存储可以用 3 种语言表示如下：

C
```c
#define MaxSize 54                /*最多 54 张牌*/
struct Card
{
    char suit;                    //花色
    int value;                    //牌点
}
typedef  struct
{
    Card  elem[MaxSize];          /*线性表占用的数组空间*/
    int  listlength;              /*线性表的实际长度*/
}SeqList;
```

C#
```csharp
class SeqList
{
    const int MaxSize=54;         //最多 54 张牌
    Card[] elem = new Card[MaxSize];
    int listlength=0;
}
class Card
{
    string suit;                  /*花色*/
    int value;                    /*牌点*/
}
```

Java
```java
class SeqList
{
final int MaxSize=54;             //最多 54 张牌
Card[] elem = new Card[MaxSize];
```

```
int listlength=0;
}
class Card
{
String suit;                    //花色
int value;                      //牌点
}
```

2.2.2　顺序表的基本运算

根据线性表的运算定义，可实现顺序表的以下操作。

1. 求顺序表中元素的个数

顺序表中的元素个数实际就是顺序表的实际长度，因此直接返回 listlength 字段值即可。算法实现如下：

C

```
int GetLength(SeqList L)              /*求线性表 L 的长度*/
    {
        return L.listlength;
    }
```

C#

```
class SeqList                         /*SeqList 的字段声明*/
{
    public int GetLength()
    {
        return listlength;
    }
}
```

Java

```
    class SeqList
    {
                                      //SeqList 的字段声明
        public int GetLength()
    {
        return elem.length;
    }
    }
    }
```

2. 遍历一个顺序表

遍历一个顺序表就是访问表中的每一个元素，并且只访问一次。算法实现如下：

C

```
    void PrintList(SeqList L)          /*遍历线性表 L 中的元素*/
    {
        int k;
```

```
        for (k = 0; k < L.listlength; k++)
            printf("%c ", L.elem[k]);
        printf("\n");
    }
```

C#

```
class SeqList
{
    //SeqList 的字段声明
    public void PrintList()
    {
    int k;
    for (k = 0; k < listlength; k++)
        Console.Write("{0} ", elem[k]);
    Console.WriteLine();
    }
}
```

Java

```
class SeqList
{
    //SeqList 的字段声明
public void PrintList()
    {
    int k;
    for (k = 0; k < GetLength(); k++)
        System.out.printf("{0}", elem[k]);
    System.out.println();
    }
}
```

3. 按编号查找

按编号查找即获取指定位置的数据元素，并返回其值。考虑到算法的简洁性，本章在讨论这些运算的实现时，一律以数组的下标值代替线性表中元素的位置(序号)，即序号与下标一致。算法实现如下：

C

```
ElementType GetElem(int i, SeqList L);     /*查找下标为 i 的元素*/
{
    if (i < 0 || i > listlength - 1)
    {
        printf("Error!%d 元素越界\n",i);
        return null;
    }
    return L.elem[i];
}
```

C#

```
class SeqList
{
    //SeqList 的字段声明
    public object GetElem(int i)
    {
        if (i < 0 || i > listlength - 1)
            return null;
        return elem[i];
    }
}
```

Java

```
class SeqList
{
    //SeqList 的字段声明
    public Object GetElem(int i)
    {
    if (i < 0 || i > GetLength() - 1)
        return null;
    return elem[i];
    }
}
```

在上述代码中，i 为要查找元素的下标。若下标无效，则返回 null，否则返回该位置上的数据元素。

4. 按特征查找

对于某个特定元素 e，需要查找该元素在顺序表中的位置。若在表中找到与该元素 e 相等的元素，则返回该元素的下标 i，若找不到，则返回-1。查找过程为从第一个元素开始，依次将表中元素与 e 比较，若相等则查找成功；若 e 与表中所有元素均不相等，则查找失败。相关算法如下：

C

```
int Locate(SeqList L, ElementType e)
/*在线性表 L 中查找元素 e,若找到返回元素位置,若找不到,返回-1*/
{
    int i=0;
    while((i<=L.listlength-1)&&(L.elem[i]!=e)
/*顺序扫描表,直到找到值为 e 的元素,或扫描到线性表尾部还没找到*/
        i++;
    if(i<=L.listlength-1)
        return (i);
    else
        return(-1);
}
```

C#

```
class SeqList
{
    //SeqList 的字段声明
    public int Locate(object e)
    {
        int i = 0;
        while (i <= listlength - 1 && elem[i].Equals (e)==false)
            i++;
        if (i <= listlength - 1)
            return i;
        else
            return -1;
    }
}
```

Java

```
class SeqList
{
    //SeqList 的字段声明
    public int Locate(Object e)
    {
        int i = 0;
        while (i <= listlength - 1 && elem[i].equals (e)==false)
            i++;
        if (i <= listlength - 1)
            return i;
        else
            return -1;
    }
}
```

5. 在顺序表中插入一个元素

在顺序表的第 $i(0<=i<n)$ 个元素之前插入数据元素 e，使得顺序表 $(a_0,a_1,\cdots,a_{i-1},a_i,\cdots,a_{n-1})$ 变为 $(a_0,a_1,\cdots,a_{i-1},e,a_i,\cdots,a_{n-1})$，同时表长增加 1。

由于顺序表的存储位置相邻，在插入 e 之前，必须将 $a_i,\cdots,a_{n-1}$ 依次向后移动一个单元，在原来 a_i 的位置处插入 e，插入过程如图 2.2 所示。

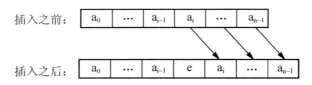

图 2.2　在第 i 个元素前插入 e

相关的算法实现如下:

C

```c
void InsertList (SeqList *l, int i, ElemType e)
/*在顺序表 l 中第 i 个数据元素之前插入元素 e，i 为数组的下标)*/
{
    if((i<0) || (i>l-> listlength)) /*判断插入位置是否合法*/
        printf("错误");
    if(l-> listlength >= MaxSize-1) /*判断表是否已满*/
        {
            printf("溢出");
            return;
        }
    for(k=l-> listlength-1; k>=i; k--)
        /*将元素 elem[listlength-1…i]依次向后移动一个单元*/
        l->elem[k+1]=l->elem[k];
    l->elem[i]=e;
    l-> listlength++;
}  /*InsList*/
```

C#

```csharp
class SeqList
{
    //SeqList 的字段声明
    public void InsertList( int i, object e)
    {
        int k;
        if (i < 0 || i > listlength)
        {
            Console.WriteLine("错误");
            return;
        }
        if (listlength >= MaxSize - 1)
        {
            Console.WriteLine("溢出");
            return;
        }
        for (k = listlength - 1; k >= i; k--)
            elem[k + 1] = elem[k];
        elem[i] = e;
        listlength++;
    }
}
```

Java

```java
class SeqList
{
    //SeqList 的字段声明
```

```
        public void InsertList( int i, Object e)
{

    int k;
    if (i < 0 || i > listlength)
    {
        System.out.println("错误");
        return;
    }
    if (listlength >= MaxSize - 1)
    {
        System.out.println("溢出");
        return;
    }
    for (k = listlength - 1; k >= i; k--)
        elem[k + 1] = elem[k];
    elem[i] = (Card) e;
    listlength++;
    }

}
```

6. 从顺序表中删除一个元素

删除顺序表中的第 i 个数据元素，使得顺序表 $(a_0,a_1,\cdots,a_{i-1},a_i,\cdots,a_{n-1})$ 改变为 $(a_0,a_1,\cdots,a_{i-1},a_{i+1},\cdots,a_{n-1})$，同时表长减少 1。

与插入操作相反，删除操作需要将数据元素 $a_{i+1},\cdots,a_{n-1}$ 依次向前移动一个单元，删除过程如图 2.3 所示。

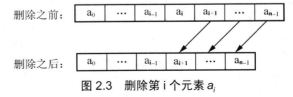

图 2.3　删除第 i 个元素 a_i

相关的算法实现如下：

C

```
void  DelList(SeqList *l,int i)
    /*在顺序表 l 中删除第 i(i 应视作数组的下标)个数据元素*/
    {
    if((i<0) || (i>l->listlength-1)) /*判断删除位置是否合法*/
        {
            printf("错误");
            return;
        }
    for(k=i+1; k<=l->listlength-1; k++)
        l->elem[k-1]= l->elem[k];
        /*将第 i 个数据元素后面的元素依次前移*/
    l->listlength--;
} /* DelList */
```

C#

```
class SeqList
{
    //SeqList 的字段声明
    public void DeleteList(int i)
    {
        int k;
        if (i < 0 || i > listlength - 1)
        {
            Console.WriteLine("错误");
            return;
        }
        for (k = i + 1; k <= listlength - 1; k++)
            elem[k - 1] = elem[k];
        listlength--;
    }
}
```

Java

```
class SeqList
{
    //SeqList 的字段声明
    public void DeleteList(int i)
    {
        int k;
        if (i < 0 || i > listlength - 1)
        {
            System.out.println ("错误");
            return;
        }
        for (k = i + 1; k <= listlength - 1; k++)
            elem[k - 1] = elem[k];
        listlength--;
    }
}
```

本 章 小 结

　　本章首先介绍了线性表的定义和基本运算，然后详细阐述了顺序线性表的存储结构及其实现方式，并用 3 种语言实现了相关的运算。最后，在实训环节开发了一个游戏案例，加深了读者对顺序线性表的理解，提高学生的学习兴趣。

本 章 实 训

实训：三公游戏的实现

实训目的

顺序线性表是一种简单而基础的数据结构，得到了广泛的应用。本实验使用顺序线性表实现扑克牌游戏的编写。学会使用顺序线性表存储扑克牌，就可以开发出各种不同的扑克游戏。

实训环境

(1) 硬件：普通计算机。

(2) 软件：Visual Studio 6.0 系列/Eclipse/Visual Studio 2005 系列。

实训内容

1. 实训背景

历史上著名的桃园三结义事件中，刘备当老大，关羽居中间，张飞当老三，原来不是通过年龄排座次的，而是三人打了一场"三公"游戏。不管你信不信，咱们还是来看看如何用程序实现吧。也许，当你和同学遇到类似问题的时候，也可以在电脑上打一局自己编的"三公"游戏来解决。

2. 需求分析

"三公"游戏是一个流传于广东和海南等地的扑克游戏。至于为啥称为"三公"，没准真和刘关张三人有某种联系呢。

来看看"三公"游戏的玩法吧。"三公"游戏使用一副扑克牌中的 52 张牌(大小王除外)，其中牌张 A～10 之间的这些牌为点数牌，牌张 J、Q、K 为公牌，也算 10 点。在一局游戏中，玩家人数为 2～6 人，游戏开始后系统会给每位玩家发送 3 张牌，然后每个玩家两两相互比较牌的大小，具体算法是 3 张牌加起来，个位数是多少就是多少点。如果大家同样点数就比最大的那张牌，大小顺序为 K＞Q＞J＞10＞9＞8＞7＞6＞5＞4＞3＞2＞1，其次进行花色比较：黑桃＞红心＞梅花＞方块。图 2.4 给出了一个"三公"玩法的示例。

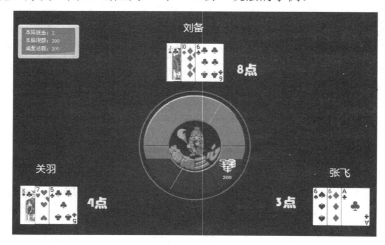

图 2.4 "三公"的玩法示例

3. 设计思路

"三公"游戏的主要流程是模拟人和电脑进行游戏。玩家可以选择电脑中的一个虚拟角色进行对抗。在一轮比赛中，电脑给 3 个玩家每人发 3 张牌，显示牌面并计算点数。游戏判断参与三方的输赢情况并显示在控制台上。

分析上述的流程不难得出，要实现该程序，需要用到以下两个类。分别是表示纸牌的 Card 类和表示一手牌的 SeqList 类。

各类的特征和行为如图 2.5 所示。

图 2.5　游戏类图

1) 扑克牌类的表示和显示

在 2.2 节提到的扑克牌的表示方法中，每张扑克牌都具有花色和牌点两个属性。因此，在设计 Card 类时，添加了 iValue 和 suit 两个字段，分别表示牌点和花色。对于一些非数字的牌，如 K、Q、J，实际的牌点数根据规则均为 10 点，因此添加一个新的字段 iValue，存放实际换算后的点数。

对于牌面的构成，采用构造函数的方式(C 语言没有构造函数，可通过函数实现)。对于 52 张牌，一共只会出现 4 种花色，每种花色出现 13 次，所以花色随机并且出现的概率均等。采用整除和求模的方法可以快速随机产生牌张。

Card 类的具体设计如下：
C

```c
#define MaxSize 52        /*54 张牌去掉两张大小王*/
struct Card
{
    int iValue;           /*牌点*/
    char value[10];       /*牌点(转换为字符)*/
    char suit;            /*花色*/
}newCard;
void GetCard(int n)       /*发一张牌的函数*/
{
    int iSuit = n/ 13;
    iValue = n % 13 + 1;
    switch (iSuit)
```

```
            {
                case 0:
                    suit = '\x0003';
                    break;
                case 1:
                    suit = '\x0004';
                    break;
                case 2:
                    suit = '\x0005';
                    break;
                default:
                    suit = '\x0006';
                    break;
            }
            if (iValue == 1) value = "A";
            else if (iValue == 11) value = "J";
            else if (iValue == 12) value = "Q";
            else if (iValue == 13) value = "K";
            else itoa(iValue, value,10);
            if (iValue > 10) iValue = 10;
        }
```

C#

```
    class Card
        {
            internal int iValue;                  /*牌点*/
            internal string value;                /*牌点(转换后)*/
            internal char suit;                   /*花色*/
            /*n 的值为[0,51],iSuit 值只会出现 0,1,2,3 这 4 种情况,每种情况出现 13 次,
            所以花色随机且出现概率是均等的
            iValue 值为[1,13]   */
            public Card(int n)
            {
                int iSuit = n / 13;
                iValue = n % 13 + 1;
                switch (iSuit)
                {
                    case 0:
                     suit = '\x0003';
                     break;
                    case 1:
                     suit = '\x0004';
                     break;
                    case 2:
                     suit = '\x0005';
```

```
                break;
            default:
                suit = '\x0006';
                break;
        }
        if (iValue == 1) value = "A";
        else if (iValue == 11) value = "J";
        else if (iValue == 12) value = "Q";
        else if (iValue == 13) value = "K";
        else value = iValue.ToString();
        if (iValue > 10) iValue = 10;
    }
}
```

Java

```java
public class Card
{
    int iValue;      // 牌点
    String value;    // 牌点(转换后)
    char suit;       // 花色
    int iSuit;       //用来花色(改换前)

    // n 的值为[0,51],iSuit 值只会出现 0,1,2,3 四种情况,每种情况出现 13 次
    // 所以花色随机且出现概率是均等的
    // iValue 值为[1,13]
    public Card(int n)
    {
        int iSuit = n / 13;//花色
        iValue = n % 13;//点数
        switch (iSuit) {
        case 0:
            suit = '黑';
            break;
        case 1:
            suit = '方';
            break;
        case 2:
            suit = '梅';
            break;
        default:
            suit = '红';
            break;
        }
        if (iValue == 1)
            value = "A";
        else if (iValue == 11)
            value = "J";
```

```
else if (iValue == 12)
    value = "Q";
else if (iValue == 0)
    value = "K";
else
    value = String.valueOf(iValue);
if (iValue > 10||iValue==0)
    iValue = 10;
    }
}
```

2) SeqList 类的改进

扑克牌游戏的设计中，系统将随机发给各个玩家若干张牌，称为一手牌。在"三公"游戏中，一手牌只有 3 张，表示一个序列，可以用刚刚学会的数据结构——SeqList 去存储。

在 SeqList 的实现中发现，表示数据元素的 elem 数组不再是 object 通用类型，而是采用 Card 类。此外，对于简单的"三公"游戏，只实现了 PrintList、InsertList 两个常见运算，此外，还添加了一个计算"三公"游戏玩家最后得分的方法 ComputeValue。

C

```
struct SeqList
{
    Card  elem[MaxSize];        /* 线性表占用的数组空间*/
    int  listlength;            /* 线性表的实际长度*/
}CardSeqlist;
CardSeqlist. Listlength=0;
void PrintList()
{
    int k;
    for (k = 0; k < CardSeqlist. listlength; k++)
    printf("%c %s\n ", CardSeqlist.elem[k].suit ,elem [k].value);
}

void InsertList(int i, Card e)
    {
    int k;
    if (i < 0 || i > CardSeqlist.listlength)
    {
        printf("错误");
        return;
    }
    if (CardSeqlist.listlength >= MaxSize - 1)
    {
        printf("溢出");
        return;
    }
    for (k = CardSeqlist. listlength - 1; k >= i; k--)
        CardSeqlist.elem[k + 1] = CardSeqlist. elem[k];
    CardSeqlist.elem[i] = e;
```

```
            CardSeqlist.listlength++;
        }
        int ComputeValue()
        {
            int sum=0,result=0;
            for (int i = 0; i < CardSeqlist. listlength; i++)
                sum += CardSeqlist. elem[i].iValue;
            result= sum/10+sum%10;
            if(result >=10)
                result =result /10+result %10;
            return result;
        }
    }
```

C#

```
class SeqList
{
    const int MaxSize = 52;
    Card[] elem = new Card[MaxSize];
    int listlength = 0;

    public void PrintList()
    {
        int k;
        for (k = 0; k < listlength; k++)
            Console.Write("{0}{1} ", elem[k].suit ,elem [k].value);
        Console.WriteLine();
    }
    public void InsertList(int i, Card e)
    {
        int k;
        if (i < 0 || i > listlength)
        {
            Console.WriteLine("错误");
            return;
        }
        if (listlength >= MaxSize - 1)
        {
            Console.WriteLine("溢出");
            return;
        }
        for (k = listlength - 1; k >= i; k--)
            elem[k + 1] = elem[k];
        elem[i] = e;
        listlength++;
    }
    public int ComputeValue()
```

```
        {
            int sum=0,result=0;
            for (int i = 0; i < listlength; i++)
                sum += elem[i].iValue;
            result= sum/10+sum%10;
            if(result >=10)
                result =result /10+result %10;
            return result;
        }
    }
```

Java

```java
class SeqList
{
    final int MaxSize = 52;
    Card[] elem = new Card[MaxSize];
    int listlength = 0;

public void PrintList()
    {
        int k;
        for (k = 0; k < listlength; k++)
            System.out.printf(elem[k].suit+""+elem [k].value);
        System.out.println();
    }
    public void InsertList(int i, Card e)
    {
        int k;
        if (i < 0 || i > listlength)
        {
            System.out.printf("错误");
            return;
        }
        if (listlength >= MaxSize - 1)
        {
            System.out.printf("溢出");
            return;
        }
        for (k = listlength - 1; k >= i; k--)
            elem[k + 1] = elem[k];
        elem[i] = e;
        listlength++;          //发出牌不能超过 52 张
    }
    public int ComputeValue()
    {
```

```
        int sum=0,result=0;
        for (int i = 0; i < listlength; i++)
            sum += elem[i].iValue;
        result= sum/10+sum%10;
        if(result >=10)
            result =result /10+result %10;
        return result;
    }
}
```

值得注意的是，在实现 ComputeValue 方法时，为了简单起见，不考虑在相同点数情况下的继续判断，如判断最大牌的大小，以及在最大牌相同的情况下，按"黑红梅方"决定最终结果。例如，若张飞拿到的是♣K、♥J、♦2，而刘备拿到了♠K、♣9、♥3，双方均为 4 点，但刘备的是黑桃 K，大于张飞的梅花 K，判刘备赢。有兴趣的同学可以自行设计和拓展。

4. 程序实现

把上面的 3 个类构建完成后，在主函数中添加测试这些类的代码即可，C 语言则只添加调用这些函数的主函数即可。

C

```
void main()
    {
        int i, k = 0;
        int exist[52];
        Card puke[52];
        SeqList players[3];

        for (i = 0; i < 52; i++)
            exist[i] = 1;
        for (i = 0; i < 3; i++)
            players[i]. Listlength=0;
        printf("*欢迎进入三公游戏*\n");
        printf ("***************\n");
        printf ("****游戏开始****\n");
        printf ("***************\n");
        printf ("请选择你的角色(1.刘备,2.关羽,3.张飞):");
        printf ("开始发牌,每人三张牌...\n");
        rnd = rand()*100%10;               //产生随机数
        for (i = 0; i <= 2; i++)
            {
                k = rnd.Next(0, 52);
                while (exist[k] != 1)
                    k = rnd.Next(0, 52);
                players[0].InsertList(i, Card(k));
```

```
            exist[k] = 0;

            k = rnd.Next(0, 52);
            while (exist[k] != 1)
                k = rnd.Next(0, 52);
            players[1].InsertList(i, new Card(k));
            exist[k] = 0;

            k = rnd.Next(0, 52);
            while (exist[k] != 1)
                k = rnd.Next(0, 52);
            players[2].InsertList(i, new Card(k));
            exist[k] = 0;
        }
        printf("刘备的牌为：\n");
        players[0].PrintList();
        printf ("关羽的牌为：\n");
        players[1].PrintList();
        printf ("张飞的牌为：\n");
        players[2].PrintList();

        int point0 = players[0].ComputeValue();
        int point1 = players[1].ComputeValue();
        int point2 = players[2].ComputeValue();

        if (point0 == point1 || point0 == point2 || point1 == point2)
            printf ("有相同的成绩哦，再打一盘试试！\n");
        else if (point0 > point1 && point0 > point2)
            printf ("刘备赢了,刘备当老大\n");
        else if (point1 > point0 && point1 > point2)
            printf ("关羽赢了,关羽当老大\n");
        else
            printf ("张飞赢了,张飞当老大\n");
        }
    }
```

C#

```
    class Program
    {
        static void Main(string[] args)
        {
            int i, k = 0;
            int[] exist = new int[52];
            Card[] puke = new Card[52];
            SeqList[] players=new SeqList [3];
```

```
for (i = 0; i < 52; i++)
    exist[i] = 1;
for (i = 0; i < 3; i++)
    players[i] = new SeqList();

Console.WriteLine("*欢迎进入三公游戏*");
Console.WriteLine("***************");
Console.WriteLine("****游戏开始****");
Console.WriteLine("***************");
Console.Write("请选择你的角色(1.刘备,2.关羽,3.张飞):");
Console.WriteLine("开始发牌,每人三张牌...");
Random rnd = new Random();
for (i = 0; i <= 2; i++)
{
    k = rnd.Next(0, 52);
    while (exist[k] != 1)
        k = rnd.Next(0, 52);
    players[0].InsertList(i, new Card(k));
    exist[k] = 0;

    k = rnd.Next(0, 52);
    while (exist[k] != 1)
        k = rnd.Next(0, 52);
    players[1].InsertList(i, new Card(k));
    exist[k] = 0;

    k = rnd.Next(0, 52);
    while (exist[k] != 1)
        k = rnd.Next(0, 52);
    players[2].InsertList(i, new Card(k));
    exist[k] = 0;
}
Console.WriteLine("刘备的牌为: ");
players[0].PrintList();
Console.WriteLine("关羽的牌为: ");
players[1].PrintList();
Console.WriteLine("张飞的牌为: ");
players[2].PrintList();

int point0 = players[0].ComputeValue();
int point1 = players[1].ComputeValue();
int point2 = players[2].ComputeValue();
```

```
          if (point0 == point1 || point0 == point2 || point1 == point2)
              Console.WriteLine("有相同的成绩哦,再打一盘试试! ");
          else if (point0 > point1 && point0 > point2)
              Console.WriteLine("刘备赢了,刘备当老大");
          else if (point1 > point0 && point1 > point2)
              Console.WriteLine("关羽赢了,关羽当老大");
          else
              Console.WriteLine("张飞赢了,张飞当老大");
      }
  }
```

Java

```
    public static void main(String[] args)
    {
        int i, k = 0;
        int[] exist = new int[52];
        Card[] puke = new Card[52];
        SeqList[] players=new SeqList [3];

        for (i = 0; i < 52; i++)
            exist[i] = 1;
        for (i = 0; i < 3; i++)
            players[i] = new SeqList();

        System.out.println("*欢迎进入三公游戏*");
        System.out.println("****************");
        System.out.println("****游戏开始****");
        System.out.println("****************");
        System.out.println("请选择你的角色(1.刘备,2.关羽,3.张飞):");
        int r=new java.vtil.Scanner (system.in).nextInt();
        System.out.println("开始发牌,每人三张牌…");
        Random rnd = new Random();
        for (i = 0; i <= 2; i++)
        {
            k = rnd.nextInt(52);
            while (exist[k] != 1)
                k = rnd.nextInt(52);
            players[0].InsertList(i, new Card(k));
            exist[k] = 0;

            k = rnd.nextInt(52);
            while (exist[k] != 1)
                k = rnd.nextInt(52);
            players[1].InsertList(i, new Card(k));
            exist[k] = 0;
```

```
            k = rnd.nextInt(52);
            while (exist[k] != 1)
                k = rnd.nextInt(52);
            players[2].InsertList(i, new Card(k));
            exist[k] = 0;
        }
        System.out.println("刘备的牌为：");
        players[0].PrintList();
        System.out.println("关羽的牌为：");
        players[1].PrintList();
        System.out.println("张飞的牌为：");
        players[2].PrintList();

        int point0 = players[0].ComputeValue();
        int point1 = players[1].ComputeValue();
        int point2 = players[2].ComputeValue();

        if (point0 == point1 || point0 == point2 || point1 == point2)
            System.out.println("有相同的成绩哦,再打一盘试试！");
        else if (point0 > point1 && point0 > point2)
            System.out.println("刘备赢了,刘备当老大");
        else if (point1 > point0 && point1 > point2)
            System.out.println("关羽赢了,关羽当老大");
        else
            System.out.println("张飞赢了,张飞当老大");
    }
```

运行结果如图 2.6 所示。

图 2.6   游戏运行结果

Java 实现完整的三公游戏代码如下：

```java
import java.util.Random;

class Card
{
    int iValue;          //牌点
    String value;        //牌点（转换后）
    char suit;           //花色

    //n 的值为[0,51],iSuit 值只会出现 0,1,2,3 四种情况,每种情况出现 13 次
    //所以花色随机且出现概率是均等的
    //iValue 值为[1,13]
    public Card(int n)
    {
        int iSuit = n / 13;
        iValue = n % 13 + 1;
        switch (iSuit)
        {
            case 0:
                suit = '黑';
                break;
            case 1:
                suit = '红';
                break;
            case 2:
                suit = '梅';
                break;
            default:
                suit = '方';
                break;
        }
        if (iValue == 1) value = "A";
        else if (iValue == 11) value = "J";
        else if (iValue == 12) value = "Q";
        else if (iValue == 13) value = "K";
        else value = String.valueOf(iValue) ;
        if (iValue > 10) iValue = 10;
    }
}



class SeqList
{
    final int MaxSize = 52;
```

```
    Card[] elem = new Card[MaxSize];
    int listlength = 0;

public void PrintList()
    {
        int k;
        for (k = 0; k < listlength; k++)
            System.out.printf(elem[k].suit+elem [k].value+"\t");
        System.out.println();
    }
    public void InsertList(int i, Card e)
    {
        int k;
        if (i < 0 || i > listlength)
        {
            System.out.printf("错误");
            return;
        }
        if (listlength >= MaxSize - 1)
        {
            System.out.printf("溢出");
            return;
        }
        for (k = listlength - 1; k >= i; k--)
            elem[k + 1] = elem[k];
        elem[i] = e;
        listlength++;
    }
    public int ComputeValue()
    {
        int sum=0,result=0;
        for (int i = 0; i < listlength; i++)
            sum += elem[i].iValue;
        result= sum/10+sum%10;
        if(result >=10)
            result =result /10+result %10;
        return result;
    }
}


public class Test{
    public static void main(String[] args)
    {
```

```java
int i, k = 0;
int[] exist = new int[52];
Card[] puke = new Card[52];
SeqList[] players=new SeqList [3];

for (i = 0; i < 52; i++)
    exist[i] = 1;
for (i = 0; i < 3; i++)
    players[i] = new SeqList();

System.out.println("*欢迎进入三公游戏*");
System.out.println("***************");
System.out.println("****游戏开始****");
System.out.println("***************");
System.out.println("请选择你的角色（1.刘备,2.关羽,3.张飞）:");
int r = new java.util.Scanner(System.in).nextInt();
System.out.println("开始发牌,每人三张牌...");
Random rnd = new Random();
for (i = 0; i <= 2; i++)
{
    k = rnd.nextInt(52);
    while (exist[k] != 1)
        k = rnd.nextInt(52);
    players[0].InsertList(i, new Card(k));
    exist[k] = 0;

    k = rnd.nextInt(52);
    while (exist[k] != 1)
        k = rnd.nextInt(52);
    players[1].InsertList(i, new Card(k));
    exist[k] = 0;

    k = rnd.nextInt(52);
    while (exist[k] != 1)
        k = rnd.nextInt(52);
    players[2].InsertList(i, new Card(k));
    exist[k] = 0;
}
System.out.println("刘备的牌为：");
players[0].PrintList();
System.out.println("关羽的牌为：");
players[1].PrintList();
System.out.println("张飞的牌为：");
players[2].PrintList();
```

```
        int point0 = players[0].ComputeValue();
        int point1 = players[1].ComputeValue();
        int point2 = players[2].ComputeValue();

        if (point0 == point1 || point0 == point2 || point1 == point2)
            System.out.println("有相同的成绩哦,再打一盘试试! ");
        else if (point0 > point1 && point0 > point2)
            System.out.println("刘备赢了,刘备当老大");
        else if (point1 > point0 && point1 > point2)
            System.out.println("关羽赢了,关羽当老大");
        else
            System.out.println("张飞赢了,张飞当老大");
    }

}
```

本 章 习 题

1. 填空题

(1) 线性表是最简单的一种数据结构,它可以有_____和_____两种表示方式。

(2) 已知一个顺序线性表,设每个结点需占 m 个单元,若第 0 个元素的地址为 addr,则第 i 个结点的地址为_____。

(3) 在一个长度为 n 的顺序表中, 在第 i 个元素(0≤i≤n)之前插入一个新元素时须向后移动_____个元素。

(4) 在顺序表 a 的第 i 个元素之前插入一个新元素,则有效的 i 值范围为_____; 在顺序表 b 的第 j 个元素之后插入一个新元素,则有效的 j 值范围为_____; 要删除顺序表 c 的第 k 个元素,则有效的 k 值范围为_____。

2. 选择题

(1) 线性表是一个(　　)。
　　A. 有限序列,不能为空　　　　　　　　B. 有限序列,可以为空
　　C. 无限序列,不能为空　　　　　　　　D. 无限序列,可以为空

(2) 线性表的(　　)元素没有直接前驱, (　　)元素没有直接后继。
　　A. 第一个　　　　　　　　　　　　　　B. 第二个
　　C. 最后一个　　　　　　　　　　　　　D. 所有

(3) 假设线性表中有 n 个元素,如果在第 i 个位置插入一个新的元素,需从后向前移动(　　)个元素。
　　A. n-i　　　　　　　　　　　　　　　　B. n-i+1
　　C. n　　　　　　　　　　　　　　　　　D. i

3. 算法设计题

(1) 写一个倒置线性表的程序过程，假定线性表是顺序存储的。

(2) 写一个算法，从顺序表中删除第 i 个元素开始的 k 个元素。

(3) 设已按总分递减顺序给出某班学生各科成绩表如下：

学号	姓名	语文	数学	英语	总分
1					
……	……	……	……	……	……
30					

数据自行给出，试编写算法完成以下功能。

① 打印学号为 1 的学生的成绩信息。

② 将一新学生的成绩信息按总分排序插入成绩表中。

③ 删除学号为 1 的学生的成绩信息。

第**3**章 栈和队列之快乐驿站

教学目标

　　栈和队列都是特殊形式的线性表，由于它们应用十分广泛，人们早已把它们单列为新的数据结构。栈和队列在数据的插入和删除等操作上有所不同，把它们放在一起对比学习，有助于同学们掌握这两种数据结构的不同特点，从而更好地在实践中加以应用。本章将介绍栈和队列的基本概念、运算以及常见的实现方法，并通过一个有趣的案例介绍栈和队列的应用。

教学要求

知识要点	能力要求	相关知识
栈的定义	学会栈的定义、特征和基本运算	堆栈的定义
栈的顺序存储结构和运算	会编程实现栈的存储结构及其相关运算	堆栈的特点
队列的定义	学会队列的定义、特征和基本运算	队列的定义
队列的顺序存储结构和运算	会编程实现队列的存储结构及其相关运算	队列的特点
综合案例应用	熟练运用栈和队列解决实际问题	栈和队列

引例

　　刘备、关羽和张飞桃园三结义后，一直想开创一番大事业。无奈资金短缺，无法广招兵马，聚集粮草。如何快速聚集第一桶金呢？兄弟三人一合计，决定承包村东头的驿站，他们给驿站取了个好听的名字——快乐驿站。什么是驿站呢？在古代，驿站就是给马喂粮草，供行人休息的地方。刘备三人承包的驿站特别小，只有一排喂马的马厩，马匹按先后顺序进入马厩吃草休息。当马厩满员的时候，后面的马匹和主人还得在外面排队。

　　最近快乐驿站的经营碰到了一些困难：吃饱了的马在里面没法出来，而外面的马没法进去，马的主人叫苦连天，喂马收取的费用也下降了好多，快乐驿站一点也不快乐了。

　　这个时候军师诸葛亮还没有出现，那就让我们帮助他们想想办法吧。要在计算机上实现对驿站的规范化管理，首先需要学习两个新的线性结构——栈和队列，然后再进行相关的操作，如马匹进站、出站等。

3.1 栈 的 定 义

观察一下餐饮店里盘子的堆放和取用操作，可以发现以下一些特点：盘子一个个地叠放成一摞，可以看成是一个由盘子组成的线性表。每次将洗净的盘子放入盘叠，总是放在最顶部，而每次用盘子时，也总是先取用盘叠最上方的那个盘子。

当人们交试卷时，也可以发现这种情况的存在：第一个交卷同学的卷子放在最底下，而最后一个交卷同学的卷子放在最上面。当老师改卷时，总是先从最上面的试卷开始批阅。

可以看出上述两个例子，在对事物的组织和管理上，采用的是同一机制，即使用一个线性表，且仅在表的一端允许插入和删除，这就是栈的概念。严格地说，栈是一种特殊的线性表，它仅允许在表的一端进行运算。在表中，允许插入和删除的一端称为"栈顶"，另一端称为"栈底"，将元素插入栈顶的操作称为"进栈"，称删除栈顶元素的操作为"出栈"，如图 3.1 所示。因为出栈操作时后进栈的元素先出，所以栈也被称为是一种"后进先出"表，简称为 LIFO(Last In First Out)。

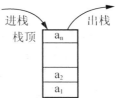

图 3.1　堆栈

根据实际应用，通常认为栈应该包含了以下一些基本运算。

(1) 栈初始化——置栈为空栈。

(2) 判断栈是否为空——若栈为空，则返回 true，否则返回 false。

(3) 求栈的长度——返回栈的元素个数。

(4) 进栈——将一个元素下推进栈。

(5) 出栈——将栈顶元素托出栈。

(6) 读栈顶——返回栈顶元素。

3.2 顺 序 栈

与线性表类似，栈的存储结构也分为顺序存储结构和链式存储结构。采用顺序存储结构的栈简称为顺序栈。

3.2.1 顺序栈的存储结构

与顺序线性表类似，顺序栈也需要通过一个一维数组存储元素，同时设置栈顶元素的位置下标，即

$$顺序栈=一维数组+栈顶指示$$

相关存储结构如图 3.2 所示。

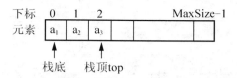

图 3.2　顺序栈的存储结构

具体地说，顺序栈的数据类型描述如下：

C

```c
#define MAX_SIZE 100            /*设置最大元素个数*/
typedef  int Elemtype;
typedef  struct
{
    Elemtype stack[MAX_SIZE];   /*堆栈的元素个数*/
    int top;                    /*栈顶位置*/
}sqstack;
```

C#

```csharp
class SeqStack
{
    const int MaxSize = 100;
    object[ ] elem = new object[MaxSize];
    int top;                    /*栈顶位置*/
}
```

Java

```java
class SeqStack
{
    final int MaxSize = 100;
    Object[ ] elem = new Object[MaxSize];
    int top;                    //栈顶位置
}
```

若将顺序栈 st 定义为：

```
SeqStack st = new SeqStack();
```

则顺序栈 st 中序号为 i 的元素对应数组的下标是 i-1，即用 st.elem[i-1]表示，st 的栈顶用 st.top 表示。

此外，在栈的上述存储表示下，不难得到以下栈空及栈满条件。

(1) 栈空条件：st.top=-1。

(2) 栈满条件：st.top=MaxSize-1。

3.2.2　顺序栈的基本运算

根据顺序栈的运算定义，可实现顺序栈的以下操作。

1. 栈初始化

栈的初始化实现比较简单，将栈顶 top 的值设置为-1 即可，算法如下：

C

```c
sqstack* StackInit()
{
sqstack *s = (sqstack*)malloc(sizeof(sqstack));
if (NULL == s)
    return NULL;
s->top = -1 ;
return s ;
}
```

C#

```csharp
class SeqStack
{
    //SeqStack 的字段声明
    public void StackInit()
    {
        top = -1;
    }
}
```

Java

```java
class SeqStack
{
    //SeqStack 的字段声明
    public void StackInit()
    {
        top = -1;
    }
}
```

2. 判断栈是否为空

在判断栈是否为空时，只需将栈顶指示 top 值与-1 相比即可，若 top 值为-1，则表示顺序栈中不包含任何元素。算法实现如下：

C

```c
int StackEmpty(sqstack *s)
{
    if(s->top < 0)
    return 1 ;
    return 0 ;
}
```

C#

```csharp
class SeqStack
{
    //SeqStack 的字段声明
```

```
public bool StackEmpty()
{
    return (top == -1);
}
}
```

Java

```
class SeqStack
{
    //SeqStack 的字段声明
    public boolean StackEmpty()
    {
        return (top == -1);
    }
}
```

3. 求栈的长度

栈的长度即栈中数组的元素个数，因为 top 值总是指向最后一个元素，考虑到当 top 值为 0 时，已经有一个元素存在，所以元素的个数为 top+1。算法实现如下：

C

```
int StackLength(sqstack *q)
{
    if (NULL == q)
        return 0;
    return (q->top + 1);
}
```

C#

```
class SeqStack
{
    //SeqStack 的字段声明
    public int StackLength()
    {
        return top + 1;
    }
}
```

Java

```
class SeqStack
{
    //SeqStack 的字段声明
    public int StackLength()
    {
        return top + 1;
    }
}
```

4. 进栈操作

假设顺序栈中包含元素(a_1, a_2, a_3)，当元素 e 进栈时，实际就是要在栈顶位置插入该元素。相关算法如图 3.3 所示，具体描述如下。

(1) 栈顶指示 top 朝栈的增长方向前进一步(top 值增 1)。

(2) 将元素放入栈中由当前栈顶 top 指向的位置上。

应该注意的是，在栈的这种静态实现中进行进栈运算时，必须先进行栈满检查，以避免错误出现。

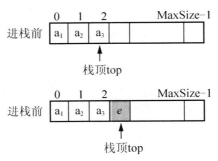

图 3.3　元素进栈

C

```c
int Push(sqstack *s , Elemtype x)
{
    if(s->top >= (MAX_SIZE - 1))
        {
            Printf("溢出\n");
            return 0 ;
        }
    s->top++;
    s->stack[s->top] = x ;
    return 1 ;
}
```

C#

```csharp
class SeqStack
{
    //SeqStack 的字段声明
    public void Push(object e)
    {
        if (top == MaxSize - 1)
            Console.WriteLine("Full");
        else
        {
            top++;
            elem[top] = e;
        }
    }
}
```

Java

```java
class SeqStack
{
    //SeqStack 的字段声明
    public void Push(Object e)
    {
        if (top == MaxSize - 1)
            System.out.println ("Full");
        else
        {
            top++;
            elem[top] = e;
        }
    }
}
```

5. 出栈操作

同样假设顺序栈中包含元素(a_1,a_2,a_3)，现将 a_3 元素出栈，只需将栈顶指示 top 后退一步(top 值减 1)即可，如图 3.4 所示。若需在出栈的同时返回该出栈元素，则还需通过一个临时变量获取并返回 a_3 。应该注意的是，出栈前应进行栈空检查。

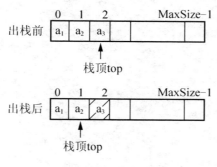

图 3.4　元素出栈

相关的算法实现如下：

C

```c
Elemtype Pop(sqstack *s)
{
    Elemtype x ;
    if (s->top < 0)                /*检查堆栈是否为空*/
        return NULL ;
    x = s->stack[s->top];
    s->top--;
    return x;
}
```

C#

```
class SeqStack
{
    //SeqStack 的字段声明
    public object Pop()
    {
        if (top == -1)
            return null;
        else
        {
            object e = elem[top];
            top--;
            return e;
        }
    }
}
```

Java

```
class SeqStack
{
    //SeqStack 的字段声明
    public Object Pop()
    {
        if (top == -1)
            return null;
        else
        {
            Object e = elem[top];
            top--;
            return e;
        }
    }
}
```

6. 获取栈顶元素

根据栈顶指示 top，可以直接获取最后入栈的元素。应该注意的是，在进行读取之前也要进行栈空检查。

相关的算法实现如下：

C

```
Elemtype GetTop(sqstack *s)
{
    if(s->top<0)return NULL ;
        return (s->stack[s->top] );
}
```

C#

```
class SeqStack
{
    //SeqStack 的字段声明
    public object GetTop()
    {
        if (StackEmpty())
            return null;
        return elem[top];
    }
}
```

Java

```
class SeqStack
{
    //SeqStack 的字段声明
    public Object GetTop()
    {
        if (StackEmpty())
            return null;
        return elem[top];
    }
}
```

要测试上述这些方法，可以使用如下语句，相关结果如图 3.5 所示。

C

```
int _tmain(int argc, _TCHAR* argv[])
{
    sqstack* myStack = StackInit();
    if (NULL == myStack)
        return -1;
    printf("IsEmpty: %d, Length: %d\n", StackEmpty(myStack), StackLength
        (myStack));
    Push(myStack, 100);
    Push(myStack, 200);
    Push(myStack, 300);
    printf("IsEmpty: %d, Length: %d\n", StackEmpty(myStack), StackLength
        (myStack));
    int val = Pop(myStack);
    printf("IsEmpty: %d, Length: %d\n", StackEmpty(myStack), StackLength
        (myStack));
    return 0;
}
```

C#

```
static void Main(string[] args)
{
    SeqStack st = new SeqStack();
    st.StackInit();
    Console.WriteLine("栈是否为空：{0}", st.StackEmpty());
```

```
        Console.WriteLine("栈的长度：{0}", st.StackLength());
        st.Push(1);
        st.Push(2);
        st.Push(3);
        Console.WriteLine("栈是否为空：{0}", st.StackEmpty());
        Console.WriteLine("栈的长度：{0}", st.StackLength());
        Console.WriteLine("栈顶元素为{0}", st.GetTop());
        st.Pop();
        st.Pop();
        Console.WriteLine("栈的长度：{0}", st.StackLength());
        Console.WriteLine("栈顶元素为{0}", st.GetTop());

    }
```

Java

```
    public static void main(String[] args)
        {
            SeqStack st = new SeqStack();
            st.StackInit();
            System.out.println("栈是否为空："+ st.StackEmpty());
            System.out.println("栈的长度："+ st.StackLength());
            st.Push(1);
            st.Push(2);
            st.Push(3);
            System.out.println("栈是否为空："+st.StackEmpty());
            System.out.println("栈的长度："+st.StackLength());
            System.out.println("栈顶元素为"+ st.GetTop());
            st.Pop();
            st.Pop();
            System.out.println("栈的长度："+st.StackLength());
            System.out.println("栈顶元素为"+ st.GetTop());

        }
```

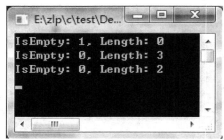

图 3.5　运行结果

由此可见，这些栈的运算都极其简单，因此，在实际编程中，有时并不将这些操作设计为方法，而是直接以语句的方式操作。不过，当涉及的栈较多，栈的元素较为复杂，或要在多个地方进行栈的操作时，还是应该采用方法调用的方式，这既符合结构化程序设计的要求，也利于阅读。

3.3　队　列　定　义

中午到食堂观察一下排队打饭的场面，可以发现以下一些特点：打饭者整齐地排成一队，组成一个线性表；只有位于队首的同学才能开始打饭，且打完饭后立即出队；队外的任何人欲打饭，必须从队尾加入队中。

不仅在日常生活中，在计算机领域也常听到"消息队列"、"打印队列"等术语。实践证明，以队列的方式来组织和操作数据，在许多问题的求解过程中是非常有效的。

严格地说，与栈一样，队列也是一种特殊的线性表，它仅允许在表的一端(队首)进行出队(删除)运算，在队的另一端(队尾)进行入队(插入)操作，如图 3.6 所示。因为出队时先入队的元素先出，所以队列又被称为是一种"先进先出"表，简称为 FIFO(First In First Out)。

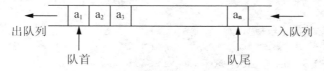

图 3.6　队列示意图

根据实际应用，通常认为队列应该包含了以下一些基本运算。

(1) 队列初始化——置队列为空队。

(2) 判断队列是否为空——若队列为空，则返回 true，否则返回 false。

(3) 求队列的长度——返回队列的元素个数。

(4) 读队首——返回队首元素之值。

(5) 入队——将一个元素插入队尾。

(6) 出队——将队首元素从队列中删除。

3.4　顺　序　队　列

与顺序栈类似，队列的顺序存储结构简称为顺序队列。

3.4.1　顺序队列的存储结构

顺序队列是由一个一维数组和用于指示队首位置与队尾位置的两个变量组成，即

顺序队列=一维数组+队首指示+队尾指示

具体地说，顺序栈的数据类型描述如下：

C
```
# define MAX_SIZE 20
typedef struct
{
    int queue[MAX_SIZE];
    int from ;
    int rear ;
}SeqList;
```

C#
```
class SeqList
{
    /*SeqList 的字段声明*/
    const int MaxSize = 100;
    object[] elem = new object[MaxSize];
    int front;    /*队首指示*/
    int rear;     /*队尾指示*/
}
```

Java
```
class SeqList
{
    /*SeqList 的字段声明*/
    final int MaxSize = 100;
    Object[] elem = new Object[MaxSize];
    int front;    /*队首指示*/
    int rear;     /*队尾指示*/
}
```

若将顺序队列 sl 定义为：

```
SeqList sl = new SeqList();
```

则顺序队列 sl 中序号为 i 的元素对应数组的下标是 i-1，即用 sl.elem[i-1]表示，sl 的队首变量用 sl.front 表示，sl 的队尾变量用 sl.rear 表示。

图 3.7 是一个 MaxSize 为 5 的队列的动态变化图。图 3.7(a)表示初始的空队列；图 3.7(b)表示入队 5 个元素后队列的状态；图 3.7(c)表示队首元素出队 1 次后队列的状态；图 3.7(d)是队首元素出队 4 次后队列的状态。

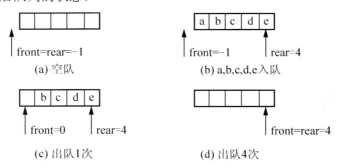

图 3.7　顺序队列的操作

从图3.7不难看出,队列为空的条件为front==rear,那么队满条件是不是rear==MaxSize-1呢?显然不是。图 3.7(d)也满足这个条件,但却是个空队列。因为无论添加还是删除元素,队首变量和队尾变量始终是向着队列的尾端移动的, 这就会使顺序队列产生溢出问题, 有以下两种情况。

(1) 当队列已满再进行入队操作时, 就会产生"上溢出"。

(2) 当队列为空再进行出队操作时, 就会产生"下溢出"。

此外, 对图 3.7(c)或(d)进行入队操作时, 明明队列还能存放元素, 但由于 rear 值已经指示到最大值, 因此出现插入异常, 这种溢出称为"假溢出"。

为了解决这个问题,充分地利用数组空间,要将数组的首尾相接,形成一个环状结构,这种改进的顺序队列称为循环队列(Circular Queue), 如图 3.8 所示。

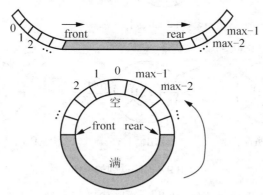

图 3.8　循环队列的逻辑结构

在图 3.8 中, 将顺序队列的首尾相连, 形成一个环。当队尾指示 rear 值为 MaxSize-1 时, 若仍然对该队列进行入队操作, 则 rear 直接跳到 0。这种变化规律可以用求模运算来实现。

(1) 入队操作:rear 指向下一个位置, 即 rear=(rear+1)% MaxSize。

(2) 出队操作:front 指向下一个位置, 即 front=(front + 1)% MaxSize。

其实, 上述算式也可以用下面的伪代码来解释。

```
if (f+1)<MaxSize
    f=f+1;
else
    f=0;
```

从图 3.8 可知, 初始化循环队列时, front 和 rear 的值均为 0。那么队列为空和为满的条件各是什么呢? 不难发现, 队空的条件是 front==rear, 而队满的判断就比较复杂:若入队的速度快于出队的速度, 则 rear 的值增加的比 front 快, 这样 rear 就有可能赶上 front 的值, 此时 front 和 rear 也相等, 这样就无法区分队空还是队满。为了解决这个问题, 人们常采用这样的办法, 空出一个存储空间, 让 front 指向队首元素的前一个位置(front 指向的位置不存放元素)。

如此约定后, 就有如下规则。

(1) 初始化时:front=rear=0。

(2) 循环队列为空的条件:front==rear。

(3) 循环队列为满的条件:front==(rear+1)%MaxSize。

对于该队满条件, 也可以用如下伪代码解释:

```
if(rear+1)<MaxSize
    判断 front 是否等于 r+1,是则队满。
else
    判断 front 是否等于 0,是则队满。
```

对于循环队列的入队和出队操作，可以使用图 3.9 来表示。

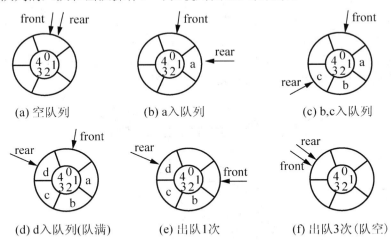

(a) 空队列　　　　　　　(b) a入队列　　　　　　(c) b,c入队列

(d) d入队列(队满)　　　　(e) 出队1次　　　　　(f) 出队3次(队空)

图 3.9　循环队列的操作

以下所讲的顺序队列，均将采用循环队列的模式进行存储。从本质上说，循环队列也是顺序队列的一个实现途径。

3.4.2　顺序队列的基本运算

将上一节的 SeqList 类名稍做修改，循环队列 CirQueue 的定义如下：

C

```c
typedef struct
{
    int queue[MAX_SIZE];
    int front ;
    int rear ;
    int s ;
}CirQueue;
```

C#

```csharp
class CirQueue
{
    /*SeqList 的字段声明*/
    const int MaxSize = 6;    /*该循环队列最多能放 5 个元素(另一个留作 front 指示位)*/
    object[] elem = new object[MaxSize];
    int front;                /*队首指示*/
    int rear;                 /*队尾指示*/
}
```

Java

```
class CirQueue
{
    /*SeqList 的字段声明*/
    final int MaxSize = 6;   /*该循环队列最多能放 5 个元素(另一个留作 front 指示位)*/
    Object[] elem = new Object[MaxSize];
    int front;               /*队首指示*/
    int rear;                /*队尾指示*/
}
```

根据循环顺序队列的运算定义，可实现以下操作。

1. 队列初始化

队列的初始化实现比较简单，将队首指示 front 和队尾指示 rear 的值设置为 0 即可。算法如下：

C

```
CirQueue* InitQueue()
{
    CirQueue* q = (CirQueue *)malloc( sizeof(CirQueue) );
    if(NULL == q)
        return NULL ;
    q->front = 0;
    q->rear = 0;
    q->s = 0 ;
    return q ;
}
```

C#

```
class CirQueue
{
    //CirQueue 的字段声明
    public void InitQueue()
    {
        front = 0;
        rear = 0;
    }
}
```

Java

```
class CirQueue
{
    //CirQueue 的字段声明
    public void InitQueue()
    {
        front = 0;
        rear = 0;
    }
}
```

2. 判断队列是否为空

在判断队列是否为空时，只需比较队首指示 front 和队尾指示 rear 是否相等即可，若相等，则表示队列中不包含任何元素。算法实现如下：

C

```
int QueueEmpty(CirQueue* q)
{
    if(q->rear == q->front)
        return 1 ;
    else
        return 0 ;
}
```

C#

```
class CirQueue
{
    /*CirQueue 的字段声明*/
    public bool QueueEmpty()
    {
        return (front == rear);
    }
}
```

Java

```
class CirQueue
{
    /*CirQueue 的字段声明*/
    public boolean QueueEmpty()
    {
        return (front == rear);
    }
}
```

3. 求队列的长度

队列的长度即队列中数组元素的个数。长度的计算按两种情形：rear 值大于 front 值和 rear 值小于 front 值。如图 3.10 所示，左边的图为第一种情形，右边的图为第二种情形。对于第一种情形，队列的长度 length=rear-front；而对于第二种情形，队列的长度 length=rear+MaxSize-front。

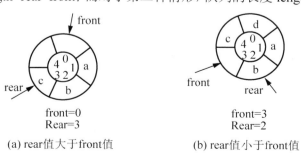

(a) rear值大于front值   (b) rear值小于front值

图 3.10　队列长度判断

相关的算法实现如下：

C

```
int QueueLength(CirQueue* q)
{
    int len = (q->rear - q->front + MAX_SIZE) % MAX_SIZE ;
    return len ;
}
```

C#

```
class CirQueue
{
    /*CirQueue 的字段声明*/
    public int QueueLength()
    {
        return (rear + MaxSize - front) % MaxSize;
    }
}
```

Java

```
class CirQueue
{
    /*CirQueue 的字段声明*/
    public int QueueLength()
    {
        return (rear + MaxSize - front) % MaxSize;
    }
}
```

4. 读队首元素

根据队首指示 front 可以获取对应的元素，这里分成 3 种情况，如图 3.11 所示。其中图 3.11(a)表示进行队空判断，若队空则返回空；图 3.11(b)表示，若 front+1 小于 MaxSize，则直接返回 front+1 对应的元素；图 3.11(c)表示，若 front+1 大于等于 MaxSize，返回 0 对应的元素(求模运算)。

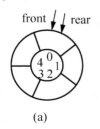
(a)
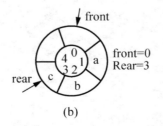
(b)
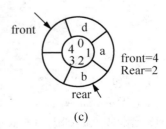
(c)

图 3.11　读队首的 3 种情况

相关的算法实现如下：

C

```
int GetHead(CirQueue* q)
{
    if(q->front == q->rear)
        return NULL ;
    else
    {
    int val = q->queue[(q->front)%MAX_SIZE] ;
    return val ;
    }
}
```

C#

```
class CirQueue
{
    //CirQueue 的字段声明
    public object GetHead()
    {
        if (QueueEmpty())
            return null;
        return elem[(front + 1) % MaxSize];
    }
}
```

Java

```
class CirQueue
{
    //CirQueue 的字段声明
    public Object GetHead()
    {
        if (QueueEmpty())
            return null;
        return elem[(front + 1) % MaxSize];
    }
}
```

5. 入队操作

入队过程包含以下步骤。

① 队尾指示 rear 加 1。

② 将元素放入队列中由 rear 所指向的位置上。

应该注意的是，当进行入队运算时必须先进行队满检查，以避免错误。同时也应该考虑到当 rear 值达到 MaxSize-1 时，继续增加将使 rear 变为 0，故需用到前面所讲的求模运算。

相关代码如下：

C

```c
int AddQueue(CirQueue* q, int x)
{
    if( (q->rear + 1) % MAX_SIZE == q->front)   /*检查队列是否为满*/
        return 0;
    q->queue[q->rear] = x ;
    q->rear = (q->rear+1) % MAX_SIZE;
    return 1;
}
```

C#

```csharp
class CirQueue
{
    /*CirQueue 的字段声明*/
    public void AddQueue(object e)
    {
        if (front == (rear + 1) % MaxSize)
            Console.WriteLine("Full");
        else
        {
            rear = (rear + 1) % MaxSize;
            elem[rear] = e;
        }
    }
}
```

Java

```java
class CirQueue
{
    /*CirQueue 的字段声明*/
    public void AddQueue(Object e)
    {
        if (front == (rear + 1) % MaxSize)
            System.out.println ("Full");
        else
        {
            rear = (rear + 1) % MaxSize;
            elem[rear] = e;
        }
    }
}
```

6. 出队操作

将元素出队就是删除队首指示所对应的元素，其步骤如下。

① 获取队首指示的元素。

② 队首指示 front 加 1。

此外也应注意对队列是否为空进行判断，相关的算法实现如下：

C

```c
int DeleteQueue(CirQueue* q , int *x)
{
if(q->front == q->rear)
    return 0 ;
*x = q->queue[q->front];
q->front = (q->front + 1) % MAX_SIZE ;
return 1 ;
}
```

C#

```csharp
class CirQueue
{
    //CirQueue 的字段声明
    public object DeleteQueue()
    {
        if (front == rear)
            return null;
        else
        {
            object e = elem[(front + 1) % MaxSize];
            front = (front + 1)%MaxSize;
            return e;
        }
    }
}
```

Java

```java
class CirQueue
{
    //CirQueue 的字段声明
    public Object DeleteQueue()
    {
        if (front == rear)
            return null;
        else
        {
            Object e = elem[(front + 1) % MaxSize];
            front = (front + 1)%MaxSize;
            return e;
        }
    }
}
```

要测试上述这些方法，可以使用如下语句，相关结果如图 3.12 所示。

C

```c
int _tmain(int argc, _TCHAR* argv[])
{
    CirQueue *cq = InitQueue();
    if (NULL == cq)
        return -1;
    printf("Is Empty: %d, Len: %d\n", QueueEmpty(cq), QueueLength(cq));
    AddQueue(cq, 100);
    AddQueue(cq, 200);
    AddQueue(cq, 300);
    printf("Is Empty: %d, Len: %d\n", QueueEmpty(cq), QueueLength(cq));
    int val = 0;
    DeleteQueue(cq, &val);
    printf("Is Empty: %d, Len: %d\n", QueueEmpty(cq), QueueLength(cq));
    return 0;
}
```

C#

```csharp
static void Main(string[] args)
{
    CirQueue cq = new CirQueue();
    cq.InitQueue();
    Console.WriteLine("队列是否为空：{0}", cq.QueueEmpty ());
    Console.WriteLine("队列的长度：{0}", cq.QueueLength ());
    cq.AddQueue("a");
    cq.AddQueue("b");
    cq.AddQueue("c");
    Console.WriteLine("队列是否为空：{0}", cq.QueueEmpty());
    Console.WriteLine("队列的长度：{0}", cq.QueueLength());
    Console.WriteLine("队首元素为{0}", cq.GetHead ());
    Console.WriteLine ("出队元素为{0}",cq .DeleteQueue ());
    Console.WriteLine("队列的长度：{0}", cq.QueueLength());
    Console.WriteLine("队首元素为{0}", cq.GetHead());
    cq.AddQueue(1);
    cq.AddQueue(2);
    cq.AddQueue(3);
    Console.WriteLine("队列的长度：{0}", cq.QueueLength());
    Console.WriteLine("队首元素为{0}", cq.GetHead());
    cq.AddQueue(4);
    Console.ReadLine();
}
```

Java

```java
public static void main(String[] args)
{
    CirQueue cq = new CirQueue();
    cq.InitQueue();
```

```
            System.out.println("队列是否为空: "+ cq.QueueEmpty ());
            System.out.println("队列的长度: "+ cq.QueueLength ());
            cq.AddQueue("a");
            cq.AddQueue("b");
            cq.AddQueue("c");
            System.out.println("队列是否为空: "+ cq.QueueEmpty());
            System.out.println("队列的长度: "+ cq.QueueLength());
            System.out.println("队首元素为"+ cq.GetHead ());
            System.out.println ("出队元素为"+cq .DeleteQueue ());
            System.out.println("队列的长度: "+cq.QueueLength());
            System.out.println("队首元素为"+cq.GetHead());
            cq.AddQueue(1);
            cq.AddQueue(2);
            cq.AddQueue(3);
            System.out.println("队列的长度: "+cq.QueueLength());
            System.out.println("队首元素为"+ cq.GetHead());
            cq.AddQueue(4);
            System.out.println();
        }
```

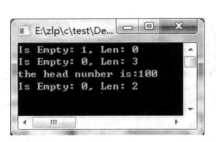

图 3.12　运行结果

本 章 小 结

本章首先简要介绍了栈的定义，然后以顺序栈为代表阐述了顺序栈的存储结构和运算。接着介绍了队列的定义，并介绍了顺序队列和循环队列的存储结构和相应的运算。最后，本章给出了相关的应用案例，加深了学生对栈和队列的概念的理解。

本 章 实 训

实训：驿站管理的简单实现

实训目的

顺序栈以其后进先出的特点，在实际中有着诸多应用。本实训使用顺序栈实现驿站管理程序的编写。学会使用顺序栈存储马匹，并运用顺序栈的各种运算实现马匹的入站和出站管理。

实训环境

(1) 硬件：普通计算机。

(2) 软件：Visual Studio 6.0 系列/Eclipse/Visual Studio 2005 系列。

实训内容

1. 实训背景

有一个可以停放 n 匹马的狭长马厩(先进后出)，它只有一个大门可以供马匹进出。马匹按到达驿站时间的先后依次从马厩最里面向大门口排队吃草(最先到达的第一匹马停放在马厩的最里面)。马厩内如果有某匹马要离开，那么在它之后进入马厩的马都必须先退出马厩为它让路，待其离开马厩后，这些马再按原来的次序进入马厩。每匹马在离开驿站时，都应根据它在驿站内的停留时间长短来缴费。试编程模拟驿站管理。

2. 需求分析

要解决这个问题，可以将马厩定义为一个顺序栈 park，当某匹马要离开时，在它后面的马必须让道，让其离开，所以还需要有一个临时的顺序栈 temp，存放让道的马匹。

当有马匹进马厩时，先判断栈 park 是否满栈，如果没有，则直接进入马厩，否则不允许进入。当 park 有马匹 m 离开时，先让 m 后面的所有马匹退栈并依次进栈到 temp 中，让 m 离开并收取喂马费，然后再把 temp 中所有的马匹退栈并重新进到 park 栈中。上述过程如图 3.13 所示。

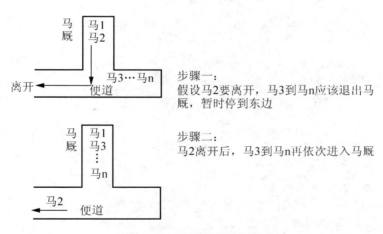

图 3.13   驿站马厩运行图

3. 程序实现

马厩的数据类型可以使用栈 SeqStack 实现。其中，在栈中的元素用类型 Horse 表示。同时，为了体现驿站的管理，增加了 cost 字段，用来表示单位时间的停留费用。相关代码如下所示：

C

```
#include "stdafx.h"
#include <stdlib.h>
#include <time.h>
#include <cstring>
```

```
#define MAX_SIZE 20
#define COST_PER_HOUR 10
typedef struct
{
    char name[MAX_SIZE]; /*马匹名称*/
    time_t time;             /*进入驿站的时间*/
}Horse;
typedef Horse Elemtype;
typedef struct{
Elemtype stack[MAX_SIZE];
int top;
}SeqStack;

SeqStack* StackInit()
{
    SeqStack *s = (SeqStack*)malloc(sizeof(SeqStack));
    if (NULL == s)
    return NULL;
    s->top = -1 ;
    return s ;
}
bool StackEmpty(SeqStack *s)
{
    if(s->top < 0)
        return true ;
    return false ;
}
int StackLength(SeqStack *q)
{
    if (NULL == q)
        return 0;
    return (q->top + 1);
}
int Push(SeqStack *s , Elemtype x)
{
    if(s->top >= (MAX_SIZE - 1))
        return false ;
    s->top++;
    s->stack[s->top] = x ;
    return true;
}
Elemtype Pop(SeqStack *s)
{
    Elemtype x = {0};
```

```
        if (s->top < 0)
            return x;
        x = s->stack[s->top];
        s->top--;
        return x;
    }
    Elemtype GetTop(SeqStack *s)
    {
        Elemtype x = {0};
        if(s->top<0)
            return x;
        return (s->stack[s->top] );
    }
```

C#

```
    class Horse
    {
        public string name;                //马匹名称
        public DateTime time;              //进入驿站的时间
        public Horse(string n,DateTime t)  //构造函数
        {
            name = n;
            time = t;
        }
    }
    class SeqStack
    {
        public static  int MaxSize;        //马厩容量
        public static int cost;            //每小时的泊马费用
        Horse[] elem = new Horse[MaxSize];
        int top;
        public void StackInit()
        {
            top = -1;
        }
        public bool StackEmpty()
        {
            return (top == -1);
        }
            public int StackLength()
        {
            return top + 1;
        }
        public Horse GetTop()
        {
```

```
            if (StackEmpty())
                return null;
            return elem[top];
        }
        public void Push(Horse e)
        {
            if (top == MaxSize - 1)
                return;
            else
            {
                top++;
                elem[top] = e;
            }
        }
        public Horse Pop()
        {
            if (top == -1)
                return null;
            else
            {
                Horse e = elem[top];
                top--;
                return e;
            }
        }
    }
```

Java

```java
    import java.util.Date;

    class Horse
    {
        public String name;                 //马匹名称
        public Date time;                   //进入驿站的时间
        public Horse(String n,Date t)       //构造函数
        {
            name = n;
            time = t;
        }
    }
    class SeqStack
    {
        public static  int MaxSize;         //马厩容量
        public static int cost;             //每小时的泊马费用
        Horse[] elem = new Horse[MaxSize];
```

```
        int top;
        public void StackInit()
        {
            top = -1;
        }
        public boolean StackEmpty()
        {
            return (top == -1);
        }
            public int StackLength()
        {
            return top + 1;
        }
        public Horse GetTop()
        {
            if (StackEmpty())
                return null;
            return elem[top];
        }
        public void Push(Horse e)
        {
            if (top == MaxSize - 1)
                return;
            else
            {
                top++;
                elem[top] = e;
            }
        }
        public Horse Pop()
        {
            if (top == -1)
                return null;
            else
            {
                Horse e = elem[top];
                top--;
                return e;
            }
        }
    }
```

　　大家可以发现，上述代码和在 3.2 节中介绍的顺序栈在方法上几乎没有任何区别。学习数据结构就是将常用的数据结构掌握好，再稍作修改即可运用到实践生活中去。不过，在这个例子中，马厩中的马匹进站和出站过程还是需要大家运用头脑去思考和体会。

　　以下代码演示了马匹的进站和出站过程。

C

```c
void InPark(SeqStack* s1, char* name)
{
    Horse horse = {0};
    strcpy(horse.name, name);
    horse.time = time(NULL);

    if (StackLength(s1) == MAX_SIZE)
    {
        printf("马厩已满\n");
    }
    else
    {
        Push(s1, horse);                    //将该马牵入马厩
        printf("马匹[%s]已于[%d]进入马厩\n", horse.name, horse.time);
    }
}

void OutPark(SeqStack* s1, char* name)
{
    SeqStack* tempStack = StackInit();
    if (NULL == tempStack)
        return;

    Horse  horse;
    while(!StackEmpty(s1))
    {
        horse = Pop(s1);
        if (0 != strcmp(horse.name, name))
        {
            printf("要为该马让路的马匹为[%s]\n", horse.name);
            Push(tempStack, horse);         //将后面的马匹依次放入临时栈
        }
        else
        {
            int timespan = time(NULL) - horse.time;
                                            //此处为演示方便,用秒表示小时
            printf("该马停留时间为[%d]小时,需收取[%d]元,缴费完毕后可直接离开\n",
                    timespan, COST_PER_HOUR * timespan);
            break;
        }
    }

    //将临时栈中的马匹重新放入马厩
    while (!StackEmpty(tempStack))
    {
```

```
            Push(s1, Pop(tempStack));
        }

        printf("马匹[%s]已经离开马厩\n", name);
    }
```

C#

```
class Test
{
    public static void InPark(SeqStack s1, string name)
    {
        Horse horse = new Horse(name, DateTime.Now);
        if (s1.StackLength() == SeqStack.MaxSize)
            Console.WriteLine("马厩已满");
        else
        {
            s1.Push(horse);              //将该马牵入马厩
            Console.WriteLine("马匹{0}已于{1}进入马厩",horse.name, horse.time);
        }
    }
    public static void OutPark(SeqStack s1, string  name)
    {
        SeqStack temp = new SeqStack();
        temp.StackInit();
        Horse  horse;
        while (!s1.StackEmpty())
        {
            horse = s1.Pop();
            if (horse.name != name)
            {
                Console.WriteLine("要为该马让路的马匹为{0}", horse.name);
                temp.Push(horse);          //将后面的马匹依次放入临时栈
            }
            else
            {
            int timespan=(DateTime.Now - horse.time).Seconds;
                                    //此处为演示方便,用秒表示小时
            Console.WriteLine("该马停留时间为{0}小时,需收取{1}元,缴费完毕后可
直接离开", timespan, SeqStack.cost * timespan);
                break;
            }
        }
        while (!temp.StackEmpty())          //将临时栈中的马匹重新放入马厩
        {
            s1.Push(temp.Pop());
        }
    }
}
```

Java

```java
class Test
{
    public static void InPark(SeqStack s1, String name)
    {
        Horse horse = new Horse(name, new Date());
        if (s1.StackLength() == SeqStack.MaxSize)
            System.out.println("马厩已满");
        else
        {
            s1.Push(horse);              //将该马牵入马厩
            System.out.print("马匹"+horse.name+"已于"+horse.time+"进入马厩" );
        }
    }
    public static void OutPark(SeqStack s1, String  name)
    {
        SeqStack temp = new SeqStack();
        temp.StackInit();
        Horse  horse;
        while (!s1.StackEmpty())
        {
            horse = s1.Pop();
            if (horse.name != name)
            {
                System.out.println("要为该马让路的马匹为"+ horse.name);
                temp.Push(horse);      //将后面的马匹依次放入临时栈
            }
            else
            {
            int timespan=(new Date().getSeconds()-horse.time.getSeconds ());
                                        // 此处为演示方便,用秒表示小时
            System.out.println(" 该马停留时间为 "+timespan+" 小时 , 需收取
"+SeqStack.cost * timespan+"元,缴费完毕后可直接离开");
                break;
            }
        }
        while (!temp.StackEmpty())     //将临时栈中的马匹重新放入马厩
        {
            s1.Push(temp.Pop());
        }
    }
}
```

最后，在主程序中实现如下调用即可。

C

```c
int _tmain(int argc, _TCHAR* argv[])
{
    SeqStack* horseStack = StackInit();
    if (NULL == horseStack)
    int nCommand = 0;
```

```c
        while (nCommand != 3)
        {
            char name[MAX_SIZE] = {0};
            printf("**********菜单**********\n");
            printf("1)马匹进站\n");
            printf("2)马匹出站\n");
            printf("3)退出系统\n");
            printf("请输入（1、2、3）选项：");
            scanf("%d", &nCommand);
            switch (nCommand)
            {
            case 1:
                printf("请输入要进入的马匹名称：");
                scanf("%s", name);
                InPark(horseStack, name);
                break;
            case 2:
                printf("请输入要出站的马匹名称：");
                scanf("%s", name);
                OutPark(horseStack, name);
                break;
            case 3:
                printf("马厩是否为空：%d，马匹数量：%d\n", StackEmpty(horseStack),
StackLength(horseStack));
                break;
            default:
                printf("错误的命令\n");
                break;
            }
        }

        return 0;
    }
```

C#

```csharp
    class Test
    {
        static void Main()
        {
            SeqStack park;//驿站
            string name;
            string choice;
            Console.Write("请输入马厩内的总马位数：");
            SeqStack.MaxSize = int.Parse(Console.ReadLine());
            Console.Write("请输入马厩的收费标准(元/小时)：");
            SeqStack.cost = int.Parse(Console.ReadLine());
            park = new SeqStack();
            park.StackInit();
            do
            {
                Console .WriteLine ("**********菜单**********");
```

```
                    Console .WriteLine (" 1)马匹进站");
                    Console .WriteLine (" 2)马匹出站");
                    Console .WriteLine (" 3)退出系统");
                    Console .WriteLine ("**************************");
                    Console.Write ("请输入(1、2、3)选项: ");
                    choice=Console .ReadLine ();
                    switch (choice )
                    {
                        case "1":
                            Console .Write("请输入要进入的马匹名称: ");
                            name=Console .ReadLine ();
                            InPark(park,name );
                            break ;
                        case "2":
                            Console.Write("请输入要出去的马匹名称: ");
                            name=Console .ReadLine ();
                            OutPark(park,name);
                            break ;
                        case "3":
                            Console.WriteLine("谢谢光临快乐驿站,祝你一路顺风! ");
                            break;
                        default :
                            Console .WriteLine ("输入错误,请重新输入! ");
                            break ;
                    }
                }while (choice !="3");
            }
        }

Java
    public static void main(String arg[])
        {
            SeqStack park;//驿站
            String name;
            int choice;
            Scanner input=new Scanner(System.in);
            System.out.println("请输入马厩内的总马位数: ");
            SeqStack.MaxSize = input.nextInt();
            System.out.println("请输入马厩的收费标准(元/小时): ");
            SeqStack.cost = input.nextInt();
            park = new SeqStack();
            park.StackInit();
            do
            {
            System.out.println ("***********菜单**********");
            System.out.println (" 1)马匹进站");
            System.out.println (" 2)马匹出站");
            System.out.println (" 3)退出系统");
            System.out.println ("**************************");
            System.out.println ("请输入(1、2、3)选项: ");
                choice = input.nextInt() ;
```

```
switch (choice )
{
case 1:
    System.out.println("请输入要进入的马匹名称：");
    name=input.next();
    InPark(park,name );
    break ;
case 2:
    System.out.println("请输入要出去的马匹名称：");
    name=input.next();
    OutPark(park,name);
    break ;
case 3:
    System.out.println("谢谢光临快乐驿站,祝你一路顺风！");
    break;
default :
    System.out.println ("输入错误,请重新输入！");
    break ;
}
}while (choice !=3);
}
```

运行结果如图 3.14 所示。

图 3.14 运行结果

实训拓展

以上实训主要介绍了顺序栈的应用。驿站管理现在要升级了！在上面的版本中，当驿站中马厩里的马满员时，驿站就不再接收骑马的客人了，可是这样白白浪费了很多客源。刘备三人决定在驿站外的大门旁边开辟一块便道。如果马厩内已经放满 n 匹马，则后来的马匹只能在驿站外面的便道上等待，一旦驿站内有马匹离开，则排在便道上的第一匹马就可以进入驿站的马厩里了。每匹马在离开驿站时都必须缴费，如果停留在便道上没有进入驿站就要离开，则不收取该马匹的费用，离开后的便道仍然保持相应的马匹顺序。试编程模拟驿站管理。

本 章 习 题

1. 填空题

(1) 设有一个空栈，现有输入序列为 1、2、3、4、5，经过操作序列 push、pop、push、pop、push、push、pop 后，现在已出栈的序列为＿＿＿＿＿＿。

(2) 设有栈 s，若线性表元素入栈顺序为 1、2、3、4，得到的出栈序列为 1、3、4、2，则用栈的基本运算 push、pop 描述的操作序列为＿＿＿＿＿＿。

(3) 在顺序栈中，当栈顶指示 top=-1 时，表示＿＿＿＿＿＿；当 top=MaxSize-1 时，表示＿＿＿＿＿＿。

(4) 在顺序栈中，出栈操作要执行的语句序列中有 s.top＿＿＿＿＿＿；进栈操作要执行的语句序列中有 s.top＿＿＿＿＿＿。

(5) 在队列中，入队操作在＿＿＿＿＿＿端进行，出队操作在＿＿＿＿＿＿端进行。

(6) 在一个循环队列 q 中，判断队空的条件为＿＿＿＿＿＿，判断队满的条件为＿＿＿＿＿＿。

(7) 设队列空间 n=40，队尾指示 rear=6，队头指示 front=25，则此循环队列中当前元素的数目是＿＿＿＿＿＿。

2. 选择题

(1) 若元素 a、b、c、d 依次进栈，则栈顶元素为（　　）。
　　A. a　　　　　B. b　　　　　C. c　　　　　D. d

(2) 一个栈的进栈序列为 abcd，则栈的输出序列不可能为（　　）。
　　A. dcba　　　B. abcd　　　C. cabd　　　D. cbad

(3) 判断一个顺序栈 s 为空的条件是（　　）。
　　A. s.top =-1　　　　　　　　B. s.top =MaxSize-1
　　C. s.top! =-1　　　　　　　　D. s.top! =MaxSize

(4) 判断一个顺序栈 s 为满的条件是（　　）。
　　A. s.top =-1　　　　　　　　B. s.top =MaxSize-1
　　C. s.top! =-1　　　　　　　　D. s.top! =MaxSize

(5) 一个队列的入队顺序为 abcd，则出队顺序为（　　）。
　　A. abcd　　　B. dcba　　　C. abdc　　　D. dbac

(6) 经过下列队列操作后，队头元素是（　　），队尾元素是（　　）。
AddQueue(a); AddQueue(b); DeleteQueue(); AddQueue(c); DeleteQueue(); AddQueue(d);
　　A. a　　　　　B. b　　　　　C. c　　　　　D. d

(7) 假设循环队列 q 的队首指示为 front，队尾指示为 rear，则判断队空的条件为(　　)。

    A．q.front+1==q.rear   B．q.rear+1==q.front

    C．q.front==q.rear   D．q.front==0

(8) 假设循环队列 q 的队首指示为 front，队尾指示为 rear，则判断队满的条件为(　　)。

    A．(q.rear+1)%MaxSize==q.front+1   B．(q.rear)%MaxSize==q.front

    C．(q.rear+1)%MaxSize==q.front   D．q.rear==q.front

3. 算法设计题

(1) 利用两个栈 s1 和 s2 来模拟一个队列。已知栈的 3 个运算定义如下。

① push(st，x)：元素入 st 栈。

② pop(st，x)：栈顶元素出栈并赋值给变量 x。

③ empty(st)：判断栈 st 是否为空。

(2) 使用队列求解约瑟夫环问题。约瑟夫环是一个数学的应用问题：已知 n 个人(以编号 1，2，3，…，n 分别表示)围坐在一张圆桌周围，从编号为 k 的人开始报数，数到 m 的那个人出列；他的下一个人又从 1 开始报数，数到 m 的那个人又出列；依此规律重复下去，直到圆桌周围的人全部出列。例如：n=9，k=1，m=5，出局人的顺序为 5，1，7，4，3，6，9，2，8。

第4章 字符串之三顾茅庐

教学目标

字符串是一种在数据元素的组成上具有一定约束条件的线性表,即要求组成线性表的所有数据元素都为字符类型。在本章的学习情景中,将介绍字符串及其基本运算、线性存储结构和模式匹配算法。

教学要求

知识要点	能力要求	相关知识
串的定义	学会主串、子串、空串的定义	字符串
串的线性存储结构	会用字符串的线性存储结构解决问题	顺序结构
串的基本运算	学会运用串的值赋运算、串的长度、串相等、求子串、串的连接、插入子串、删除子串基本算法	字符串基本算法
Brute-Force 算法	理解串的模式匹配算法,并可以运用于实践中	顺序结构和字符串的基本算法

引例

话说当年刘备三顾茅庐请诸葛亮出山协助其打江山,第一次因诸葛亮外出,未能谋面。第二次,诸葛亮掐指一算,已经知晓刘备要来,却故意避而不见,只留下一道题给刘备,要求刘备利用最短的时间从指定的文献中找出"何以安天下?"这句话,并记录下这句话第一个字符在该文献中的位置,若刘备可按时完成,定会出山相助。刘备回去后苦思冥想,好几天夜不能寐,无时无刻不在想着该如何解决这一难题,由于疲劳过度昏睡过去,却做了个梦。梦境中来到了公元 2012 年,这里有发达的信息匹配技术,而自己正好是这个时代的信息匹配师。在这个时代,人们利用电脑的高速运转,通过编写程序代码在极短的时间内就能找到想要的信息。

子串——串中任意几个连续的字符组成的子序列称为该串的子串。

主串——包含子串的串则称为主串。

空串——零个字符的串("")称为空串,空串不包含任何字符。

串的模式匹配——判断某个串(模式串)是否是另外一个已知串(主串)的子串。如果是其子串,则给出该子串的起始位置,即子串第一个字符在主串中的顺序位置。

故事中，一长串文献的内容就是今天学习的主串，而"何以安天下？"则为子串。刘备该如何解决诸葛亮留下的难题的呢？且看以下分解。

4.1　串的基本算法

串是字符串的简称。在数据结构中，串是一种在数据元素的组成上具有一定约束条件的线性表，即要求组成线性表的所有数据元素都是字符，所以说串是一个有穷的字符序列。

4.1.1　串的定义

串是由零个或多个字符组成的有限序列，记作 $s="s_0s_1\cdots s_{n-1}"(n\geq0)$，其中 s 是串名，字符个数 n 称作串的长度，双撇号括起来的字符序列 $"s_0s_1\cdots s_{n-1}"$ 是串的值。每个字符可以是字母、数字或任何其他的符号。零个字符的串("")称为空串，空串不包含任何字符。有以下几种情况需特别注意。

(1) 长度为 1 的空格串" "不等同于空串""。

(2) 值为单个字符的字符串不等同于单个字符，如"a"与'a'。

(3) 串值不包含双撇号，双撇号是串的定界符。

串中任意几个连续的字符组成的子序列称为该串的子串。包含子串的串则称为主串。通常将字符在串中的序号称为该字符在串中的位置。子串在主串中的位置则以该子串在主串中的第一个字符位置来表示。为了让大家更好地理解子串，举个简单的例子说明，如：

```
s="I am from Canada.";
s1="am.";
s2="am";
s3="I am";
s4="I am";
s5="I am";
```

s2、s3、s4、s5 都是 s 的子串，或者说 s 是 s2、s3、s4、s5 的主串，而 s1 不是 s 的子串。s3 等于 s5，s2 不等于 s4。s 的长度是 17，s3 的长度是 4，s4 的长度是 5。

4.1.2　串的基本算法

串的基本算法在串的应用中广泛使用，这些基本算法不仅能加深对串的理解，更简化了日后对串的应用。下面还是通过举例介绍串的常用基本算法。

假设有以下串：s1="I am a student"，s2="teacher"，s3="student"，常用的串的基本运算有下列几种。

(1) Assign(s，t)，将 t 的值赋给 s。

例如：Assign(s4，s3)或 Assign(s4，"student")后，s4="student"。

(2) Length(s)，求 s 的长度。

例如：Length(s1)=14，Length(s3)=7。

(3) Equal(s，t)，判断 s 与 t 是否相等。

例如：Equal(s2，s3)=false，Equal("student"，s3)=true。

（4）Concat(s，t)，将 t 连接到 s 的末尾。

例如：Concat(s3，" number")= "student number"。

（5）Substr(s，i，len)，求子串。

例如：Substr(s1，7，7)="student"，Substr(s1，10，0)= " "，Substr(s1，0，14)= "I am a student"。

（6）Insert(s，i，t)，在 s 的第 i 个位置之前插入串 t。

例如：Insert(s3，0，"good_")后，s3="good_student"。

（7）Delete(s，i，len)，删除子串。

例如：ss="good_student"，Delete (ss，0，5)后，ss="student"。

（8）Replace(s，u，v)，子串替换，即将 s 中的子串 u 替换为串 v。

例如：Replace(s1，s3，s2)后，s1= "I am a teacher"，Replace(s1，"worker"，s2)后 s1 的值不变。 若 ss="abcbcbc"，则 Replace(ss，"cbc"，"x")后，ss="abxbc"，Replace(ss, "cb", "z")后，ss="abzzc"。

（9）index(s，t)，子串定位，即求子串 t 在主串 s 中的位置。

例如：index(s1，s3)=7，index(s1，s2)=-1，index(s1， "I")=0。

4.2 串的线性存储结构和基本运算的实现

通过上面的学习，已经了解什么是串以及串的基本运算，那么串及其基本运算在程序中是如何实现的呢？串是在程序中比较常见的线性存储结构，不要用一个连续的存储空间把串的每一个字符按照一定顺序存储起来。所以，在定义一个串之前，得先申请一个足够可以容纳字符串的空间。

C

```c
#define MaxSize  100   /*字符串可能达到的最大长度*/
typedef  struct
{ char  ch[MaxSize];
    int  StrLength;
}SeqString;
```

C#

```csharp
class SeqString
{
    const int MaxSize = 100;
    char[] ch=new char [MaxSize ];
    int StrLength;
}
```

Java

```java
class SeqString
{
    final int MaxSize = 100;
    char[] ch = new char [MaxSize ];
    int StrLength;
}
```

4.2.1　串的赋值运算

空间定义好后，就可以往空间里存储具体的字符串，称为串的赋值。

C

```c
void Assign(SeqString s, char t[])
/*将存放在字符数组 t 中的串常量赋给 s*/
{
    int j = 0;//下标从 0 开始
    for(; t[j] !='\0'; j++)
    {
        s.ch[j] = t[j];
    }
    s.ch[j] = t[j];
    s.StrLength = j;
    printf("%s\n", s.ch);
    return s;
}/*Assign*/
```

C#

```csharp
class SeqString
{
    public void Assign(char[] t)
    {
        int j = 0;
        for(;t[j]!='\0';j++)
            ch[j]=t[j];
        ch[j]=t[j];
        StrLength =j;
        Console .WriteLine (ch);
        //return s
    }
}
```

Java

```java
class SeqString
{
    public void Assign(char[] t)
    {
        int j = 0;
        for(;t[j]!='\0';j++)
            ch[j]=t[j];
        ch [j]=t[j];
        StrLength=j;
        System.out.print(ch);
        //return s
    }
}
```

4.2.2 求串的长度

每个串都有它的长度，Length 函数可以方便地求出串的长度。

C
```
int Length(SeqString s)
{
    return(s. StrLength);
}/*Length*/
```

C#
```
class SeqString
{
    public int Length()
    {
        return StrLength;
    }
}
```

Java
```
class SeqString
{
    public int Length()
    {
        return StrLength;
    }
}
```

4.2.3 判断两个串是否相等

判断两个串是否相等，要求串的长度以及串的每个字符所在的位置都要相等，算法如下：

C
```
int Equal (SeqString s,SeqString t)
{
    if (s.StrLength != t.StrLength) return(0);
    for (i=0; i< s.StrLength; i++)
        if (s.ch[i] != t.ch[i])
            return(0);
    return(-1);
    return(1);
}/*Equal*/
```

C#
```
class SeqString
{
    public bool Equal(SeqString t)
    {
        if (StrLength != t.StrLength)
            return false;
        for (int i = 0; i < StrLength; i++)
```

```
        {
            if (ch[i] != t.ch[i])
                return false;
        }
        return true;
    }
}
```

Java

```java
class SeqString
{
    public boolean Equal(SeqString t)
    {
        if (StrLength != t.StrLength)
            return false;
        for (int i = 0; i < StrLength; i++)
        {
            if (ch[i] != t.ch[i])
                return false;
        }
        return true;
    }
}
```

4.2.4 求子串

求子串的实现思路：在已知的串里从第 i 个位置开始寻找长度为 len 的子串，算法如下：
C

```c
SeqString Substr(SeqString s,int i, int len)
{
    SeqString t ;
    int k ;
    if (i<0 || len <0 || i+len-1 >=s.StrLength)
    {
        t.ch[0]='\0';
        t.StrLength=0;
        return(t);
    }
        for (k=i; k< i+len; k++)
        {
            t.ch[k-i] = s.ch[k];
        }
    t.ch[len]= '\0';
    t.StrLength=len;
    return(t);
}/*Substr*/
```

C#

```csharp
class SeqString
{
    public SeqString Substr(int i, int len)
    {
        SeqString t=new SeqString ();
        if (i < 0 || len < 0 || i + len - 1 >= StrLength)
        {
            t.ch[0] = '\0';
            t.StrLength = 0;
            return t;
        }
        for (int k = i; k < i + len; k++)
            t.ch[k - i] = ch[k];
        t.ch[len] = '\0';
        t.StrLength = len;
        return t;
    }
}
```

Java

```java
class SeqString
{
    public SeqString Substr(int i, int len)
    {
        SeqString t=new SeqString ();
        if (i < 0 || len < 0 || i + len - 1 >= StrLength)
        {
            t.ch[0] = '\0';
            t.StrLength = 0;
            return t;
        }
        for (int k = i; k < i + len; k++)
            t.ch[k - i] = ch[k];
        t.ch[len] = '\0';
        t.StrLength = len;
        return t;
    }
}
```

4.2.5　串值的连接

以两串连接为例，已知 s 串和 t 串，串的连接就是将 s 串和 t 串的首尾相连，变成一个长度为 s.StrLength+t.StrLength 的新串，算法实现如下：

C

```c
SeqString Concat(SeqString s, SeqString t)
/*将 t 的串值连接到 s 的末尾*/
{
    for(i=0; i <t.StrLength; i++)
```

```
            s.ch[s.StrLength+i] = t.ch[i];
        s.ch[s.StrLength+t.StrLength] ='\0';
        s.StrLength = s.StrLength + t.StrLength;
        return(s);
    } /*Concat*/
```

C#

```
    class SeqString
    {
        public SeqString Concat(SeqString t)
        {
            for (int i = 0; i < t.StrLength; i++)
            {
                ch[StrLength + i] = t.ch[i];
            }
            ch[StrLength + t.StrLength] = '\0';
            StrLength = StrLength + t.StrLength;
            return this;
        }
    }
```

Java

```
    class SeqString
    {
        public SeqString Concat(SeqString t)
        {
            for (int i = 0; i < t.StrLength; i++)
            {
                ch[StrLength + i] = t.ch[i];
            }
            ch[StrLength + t.StrLength] = '\0';
            StrLength = StrLength + t.StrLength;
            return this;
        }
    }
```

4.2.6　插入子串

插入子串的实现思路：找到插入的位置 i，把第 i 个以后的字符分别往后移动 t.StrLength 的位置，修改串的长度。算法实现如下：

C

```
    void Insert (SeqString s, int i, SeqString t)
    {
        if (i<0 || i >s.StrLength)
            return;
        for (k=s.StrLength-1; k>=i; k--)
            s.ch[k+ t.StrLength] = s.ch[k];
        for (k= i; k<i+t.StrLength; k++)
            s.ch[k] = t.ch[k-i];
        s.ch[s.StrLength + t.StrLength] ='\0';
        s.StrLength = s.StrLength + t.StrLength;
    }/*Insert*/
```

C#

```
class SeqString
{
    public void Insert(int i, SeqString t)
    {
        if (i < 0 || i > StrLength)
            return;
        for (int k = StrLength - 1; k >= i; k--)
            ch[k + t.StrLength] = ch[k];
        for (int k = i; k < i + t.StrLength; k++)
            ch[k] = t.ch[k - i];
        ch[StrLength + t.StrLength] = '\0';
        StrLength = StrLength + t.StrLength;
    }
}
```

Java

```
class SeqString
{
    public void Insert(int i, SeqString t)
    {
        if (i < 0 || i > StrLength)
            return;
        for (int k = StrLength - 1; k >= i; k--)
            ch[k + t.StrLength] = ch[k];
        for (int k = i; k < i + t.StrLength; k++)
            ch[k] = t.ch[k - i];
        ch[StrLength + t.StrLength] = '\0';
        StrLength = StrLength + t.StrLength;
    }
}
```

4.2.7 删除子串

删除子串的实现思路：在已知串 s 中，从第 i 个字符开始把第 i+len 个字符覆盖第 i 个字符，第 i+len+1 个覆盖第 i+1 个，如此类推，一直到 '\0' 结束，最后修改串的长度。算法实现如下：

C

```
void Delete (SeqString s, int i, int len)
{
    if (i<0 || i+len-1 >=s.StrLength)
        printf("Error");
    else
    {
        for (k= i+len; k< s.StrLength; k++)
            S.ch[k-len] = s.ch[k];
        s.ch[s.StrLength - len] = '\0';
        s.StrLength = s.StrLength - len;
    }
}/*Delete*/
```

C#

```csharp
class SeqString
{
    public void Delete(int i, int len)
    {
        if (i < 0 || i + len - 1 >= StrLength)
            Console.WriteLine("Error");
        else
        {
            for (int k = i + len; k < StrLength; k++)
                ch[k - len] = ch[k];
            ch[StrLength - len] = '\0';
            StrLength = StrLength - len;
        }
    }
}
```

Java

```java
class SeqString
{
    public void Delete(int i, int len)
    {
        if (i < 0 || i + len - 1 >= StrLength)
            System.out.print("Error");
        else
        {
            for (int k = i + len; k < StrLength; k++)
            ch[k - len] = ch[k];
            ch[StrLength - len] = '\0';
            StrLength = StrLength - len;
        }
    }
}
```

4.3　串的模式匹配算法

梦醒了，刘备大喜，写下了解答思路及实现过程，该解答思路也就是后人命名的 Brute-Force 算法。次日，刘备胸有成竹地三顾茅庐去了。

4.3.1　Brute-Force 算法的设计思路

从一个字符串中，查找某个子串是否存在这样的算法称为"模式匹配"，如有两个字符串 S 和 T，则 S 为主串，T 为模式串。

下面用图 4.1 来说明 Brute-Force 算法的匹配过程。

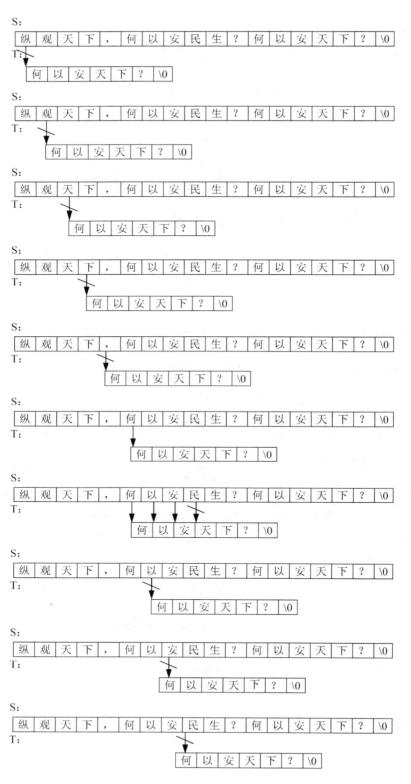

图 4.1 Brute-Force 算法匹配过程图

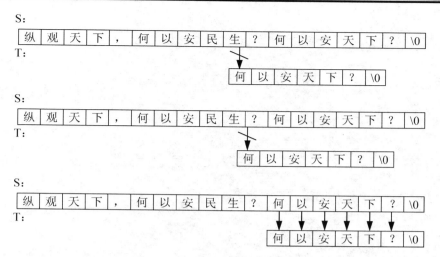

图 4.1　Brute-Force 算法匹配过程图(续)

4.3.2　Brute-Force 算法实现过程

C

```
int BFIndex(SeqString S, SeqString T, int pos)
{
        // 返回子串 T 在主串 S 中第 pos 个字符之后的位置
        // 若不存在,则函数值为-1
        // 其中,strKey 非空,1≤pos≤StrLength(S)
        int i = pos;
        int j = 1;
        while (i <= S.StrLength && j <= S.StrLength)
        {
            if (S.ch[i] == T.ch[j])
            {
            // 继续比较后继字符
                ++i;
                ++j;
            }
            else
            {
            // 指针后退重新开始匹配
                i = i-j+2;
                j = 1;
            }
        }
        if (j > T.StrLength)
            return i - T.StrLength;
        else
            return -1;
}
```

C#

```csharp
class SeqString
{
    public int BFIndex(SeqString t, int pos)
    {
        int i = pos;
        int j = 1;
        while (i <= StrLength && j <= StrLength)
        {
            if (ch[i] == t.ch[j])
            {
                ++i;
                ++j;
            }
            else
            {
                i = i - j + 2;
                j = 1;
            }
        }
        if (j > t.StrLength)
            return i - t.StrLength;
        else
            return -1;
    }
}
```

Java

```java
class SeqString
{
    public int BFIndex(SeqString t, int pos)
    {
        int i = pos;
        int j = 1;
        while (i <= StrLength && j <= StrLength)
        {
            if (ch[i] == t.ch[j])
            {
                ++i;
                ++j;
            }
            else
            {
                i = i - j + 2;
                j = 1;
```

```
            }
        }
        if (j > t.StrLength)
            return i - t.StrLength;
        else
            return -1;
    }
}
```

4.3.3　Brute-Force 算法的时间复杂度

若 n 为主串长度，m 为子串长度，则串的 Brute-Force 匹配算法最坏的情况下需要比较字符的总次数为(n-m+1)*m=O(n*m)。

最好的情况是：一配就中，只比较了 m 次。

最坏的情况是：主串前面 n-m 个位置都部分匹配到子串的最后一位，即这 n-m 位比较了 m 次，最后 m 位也各比较了一次，还要加上 m。所以总次数为(n-m)*m+m=(n-m+1)*m。

本 章 小 结

本章主要介绍了以下基本概念。

(1) 字符串：简称串，是由零个或多个字符组成的有限序列。

(2) 主串和子串：串中任意几个连续的字符组成的子序列称为该串的子串，包含子串的串则称为主串。

(3) 串的顺序存储结构：用一组地址连续的存储单元存储串值的字符序列的存储方式。

除了上述概念以外，还学习了串的基本运算，包括字符串的赋值、连接，求串的长度，子串查询，字符串比较，串的顺序存储结构的表示。

本 章 实 训

实训：运用 Brute-Force 算法从第 pos 个字符开始查找，返回子串 T 在主串 S 中的位置

实训目的

练习和掌握 Brute-Force 算法。

实训环境

(1) 硬件：普通计算机。

(2) 软件：　Windows 系统平台；VC++ 6.0/Eclipse/Visio Studio。

实验内容

1. 主串 S 的内容

纵	观	天	下	，	何	以	安	民	生	？	何	以	安	天	下	？

2. 子串 T 的内容

何	以	安	天	下	？	\0

pos= 2；

返回子串 T 在主串 S 中第 pos 个字符之后的位置。

用 C 语言实现的实训结果如图 4.2 所示，因为 C 语言的运行环境把汉字看成 2 个字符，而 C#和 Java 的运行环境把汉字当作一个字符处理，所以三种语言的代码结果稍微有些不同。

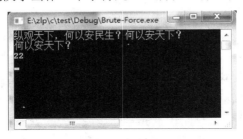

图 4.2　实训结果图

具体实现：

```c
#include <stdio.h>
#include <tchar.h>
#define MaxSize  100  // 字符串可能达到的最大长度
char S_String[50] = "纵观天下,何以安民生？何以安天下？ ";
char T_String[50] = "何以安天下？ ";
//char S_String[50] = "0123456789";
//char T_String[50] = "789";
typedef struct
{
    char ch[MaxSize];
    int StrLength;
}SeqString;

///////////////////////////////////////////////////////////////////////

SeqString Assign(SeqString strOld, char chNew[])
{
    int j = 0;
    for(; chNew[j] != '\0'; j++)
    {
    strOld.ch[j] = chNew[j];
    }
    strOld.ch[j] = chNew[j];
    strOld.StrLength = j;
    return strOld;
    }

int BFIndex(SeqString S, SeqString T, int pos)
{
// 返回子串 T 在主串 S 中第 pos 个字符之后的位置
```

```
// 若不存在,则函数值为-1
// 其中,strKey 非空,1<=pos<=StrLength(S)
int i = pos;
int j = 1;
while (i <= S.StrLength && j <= T.StrLength)
{
    if (S.ch[i] == T.ch[j])
    {
        // 继续比较后继字符
        ++i;
        ++j;
    }
    else
    {
        // 指针后退重新开始匹配
        i = i-j+1;
        j = 1;
    }
}

if (j == T.StrLength)
    return i - T.StrLength;
else
    return -1;
}
void main()
{
    SeqString ssObj1 = {0};
    SeqString ssObj2 = {0};
    int x ;
    ssObj1 = Assign(ssObj1, S_String);
    ssObj2 = Assign(ssObj2, T_String);
    x = BFIndex(ssObj1,ssObj2,2);
    printf("%s\n", ssObj1.ch);
    printf("%s\n", ssObj2.ch);
    printf("%d\n",x);
}
```

C#

```
class SeqString
{
    const int MaxSize = 100;
    char[] ch = new char[MaxSize];
    int StrLength;

    public void Assign(char[] t)
    {
        int j = 0;
        for (; t[j] != '\0'; j++)
        {
```

```
                ch[j] = t[j];
            }
        ch[j] = t[j];
        StrLength = j;
    }

public int BFIndex(SeqString t, int pos)
{
        int i = pos;
        int j = 1;
        while (i <= StrLength && j <= StrLength)
        {
            if (ch[i] == t.ch[j])
            {
                ++i;
                ++j;
            }
            else
            {
                i = i - j + 1;
                j = 1;
            }
        }
        if (j == t.StrLength)
            return i - t.StrLength;
        else
            return -1;
    }
}
class Program
{
    static void Main()
    {
        char[] S_String = "纵观天下,何以安民生? 何以安天下? \0".ToCharArray ();
        char[] T_String = "何以安天下? \0".ToCharArray ();
        SeqString ssObj1 = new SeqString();
        SeqString ssObj2 = new SeqString();
        int x;
        ssObj1.Assign(S_String);
        ssObj2.Assign(T_String);
        x = ssObj1.BFIndex(ssObj2,2);
        Console.WriteLine(x);
    }
}
```

Java

```java
public class SeqString
{
    final int MaxSize = 100;
    char[] ch = new char[MaxSize];
    int StrLength;

    public void Assign(char[] t)
    {
        int j = 0;
        for (; t[j] != '\0'; j++)
        {
            ch[j] = t[j];
        }
        ch[j] = t[j];
        StrLength = j;
    }

    public int BFIndex(SeqString t, int pos)
    {
        int i = pos;
        int j = 1;
        while (i <= StrLength && j <= StrLength)
        {
            if (ch[i] == t.ch[j])
            {
                ++i;
                ++j;
            }
            else
            {
                i = i - j + 1;
                j = 1;
            }
        }
        if (j == t.StrLength)
            return i - t.StrLength;
        else
            return -1;
    }
}
class Program
{
public static void main(String[] args)
    {
        char[] S_String = "纵观天下,何以安民生?何以安天下?\0".toCharArray();
        char[] T_String = "何以安天下?\0".toCharArray();
```

```
        SeqString ssObj1 = new SeqString();
        SeqString ssObj2 = new SeqString();
        int x;
        ssObj1.Assign(S_String);
        ssObj2.Assign(T_String);
        x = ssObj1.BFIndex(ssObj2,2);
        System.out.println(x);
    }
}
```

本 章 习 题

1. 填空题

(1) 一个字符串相等的充要条件是_____和_____。

(2) 串是指_____。

(3) 空串是指_____。

(4) 空格串是指_____。

(5) 在计算机软件系统中，有两种处理字符串长度的方法：一种是采用_____，另一种是采用_____。

2. 选择题

(1) 串是一种特殊的线性表，其特征体现在(   )。

　　A．可以顺序存储　　　　　　　　B．数据元素是一个字符

　　C．数据元素可以是多个字符　　　D．以上都不对

(2) 有两个串 P 和 Q，求 P 在 Q 中首次出现的位置的运算称为(   )。

　　A．链接　　　　　B．模式匹配　　　C．求串长　　　　D．求子串

(3) 设字符串 S1="ABCDEFG", S2="PQRST"，则经运算 S=Concat(Substr(S1，2，LEN(S2))，Substr(S1，LEN(S2)，2))后的串值为(   )。

　　A．BCDEF　　　B．BCDEFG　　　C．BCDPQRST　　D．BCDEFEF

3. 简答题

(1) 空串和空格串有何区别？字符串中的空格符有何意义？空串在串处理中有何作用？

(2) 两个字符串相等的充要条件是什么？

(3) 设 s="I AM A STUDENT", t="GOOD"，q="WORKER"，求 StrLength(s)，StrLength(t)，SubString(s，7，7)，SubString(t，2，1)，Index(s，"A")，Index(s，t)。

4. 算法设计题

(1) 编写算法，从串 S 中删除所有和串 T 相同的子串。

(2) 编写算法，求串 S 所含不同字符的总数和每种字符的个数。

第 5 章　数组之八卦阵

教学目标

　　数组是数据结构中最基本的类型，是存储同一类数据的数据结构。在本章学习情景中，将介绍一维数组、二维数组、多维数组的定义，以及数组的存储结构和运用三元组实现稀疏矩阵的压缩存储。

教学要求

知识要点	能力要求	相关知识
数组的定义	学会一维数组、二维数组、多维数组的定义	顺序结构
数组的顺序存储	会用数组的顺序存储结构解决问题	顺序结构
三元组顺序存储	学会三元组的表示方式和三元组的顺序存储	数组顺序存储
特殊矩阵	理解上三角矩阵、下三角矩阵、对角矩阵和稀疏矩阵的定义	数组矩阵
压缩存储	会用三元组压缩存储稀疏矩阵	三元组

引例

　　话说当年诸葛亮老先生利用蜀国的地理优势，创建了神秘的八卦阵。该阵法千变万化，敌军深陷阵中会慢慢地迷失方向，在慌乱中找不到出口，而蜀军士兵因为天时地利，神出鬼没，打得敌军措手不及。阵法的设置主要依据天时、地利、人和，其中人和尤为重要。为了能让士兵快速地找到属于自己镇守的位置，还有让阵外的士兵迅速支援自己的战友，诸葛亮平时练兵时，把阵地划分为若干行若干列，每一块固定大小的阵地分别用两个数值表示其具体位置，相当于现在的矩阵，而两个数值相当于行号和列号。训练时，士兵被分为两组，第一组抵达阵地的士兵为镇守士兵，第二组抵达的为支援士兵，每位士兵在执行任务前都分配一个锦囊，锦囊里有个小竹片，上面分别写有 3 个数值，前两个分别代表阵地的行号和列号，而第三个数值代表士兵的等级。诸葛亮用此方法运筹帷幄，缔造了千变万化的八卦阵。

5.1 数组的基本概念

数组其实可以看成是一种扩展的线性数据结构,其特殊性是不像栈和队列那样表现在对数据元素的操作受限制,也不像字符串那样对数据元素的类型有限制,而是反映在数据的构成上。在线性表中,每个数据元素都是不可再分的原子类型,而数组中的数据元素可以推广到具有特定结构的数据。

5.1.1 数组的定义

数组中的每一个元素都属于同一个数据类型,用一个统一的数组名和下标来唯一地确定数组中的元素。从逻辑结构上来说,数组可以看成是一般线性表的扩充。下面以二维数组进行讨论,二维数组可以看成是由多个一维数组组成的线性表。图 5.1 所示的二维数组,把二维数组中的每一行 $a_i(0 \leqslant i \leqslant m-1)$ 作为一个元素,可以把数组看成是 m 个元素($a_0, a_1, \cdots, a_i, \cdots, a_{m-1}$)组成的线性表。其中 $a_i(0 \leqslant i \leqslant m-1)$ 本身也是一个线性表,$a_i = a_{i0}, a_{i1}, \cdots, a_{ij}, \cdots, a_{in-1}$ 是一维数组。同理,把二维数组中的每一列 $\beta_j(1 \leqslant j \leqslant n)$ 作为一个元素,可以把数组看成是 n 个元素($\beta_1, \beta_2, \cdots, \beta_j, \cdots, \beta_n$)组成的线性表,其中 $\beta_j(1 \leqslant j \leqslant n)$ 本身也是一个线性表,$\beta_j = (\beta_{1j}, \beta_{2j}, \cdots, \beta_{ij} \cdots, \beta_{mj})$ 是一个一维数组,如图 5.2 所示。

图 5.1 二维数组

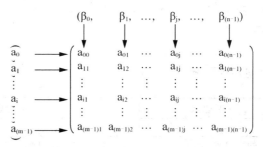

图 5.2 行列向量表示的数组

数组结构可以简单定义为:若线性表中的每个数据元素都是非结构的简单元素,则称为一维数组。若一维数组中的元素又是一维数组,则称为二维数组;若二维数组中的元素又是一个一维数组结构,则称为三维数组,以此类推。

数组是一个具有固定格式和数量的数据有序集,每一个数据元素由唯一的一组下标来表示。二维数组中的数据元素可以表示成 a[下标表达式 1] [下标表达式 2],如 a[i][j]。

5.1.2 一维数组

相同类型的数据按照线性次序顺序地排列,所组成的集合称为一维数组,如 int a[3]。
一维数组的定义格式:
类型说明符　数组名[常量表达式]
例如:int a[10],它表示数组名为 a,此数组有 10 个元素。系统会在内存中分配连续的 10 个 int 空间给此数组。
若有数组($a_0, a_1, a_2, \cdots, a_{n-2}, a_{n-1}$),假设 a_0 在内存的地址是 $LOC(a_0)$,并假设每一元素占用 c 个单元,那么任一元素 a_i 的地址为:

$$LOC(a_i) = LOC(a_0) + i*c \quad (0 \leqslant i \leqslant n-1)$$

5.1.3　二维数组

当数组中的每个元素带有两个下标时，称这样的数组为二维数组，其中存放的是有规律地按行、列排列的同一类型数据。所以二维数组中的两个下标，一个是行下标，一个是列下标。二维数组的定义格式：

类型说明符　数组名[常量表达式][常量表达式];

例如：float a[3][4]，b[5][10]，定义 a 为 3×4　(3 行 4 列)的数组，b 为 5×10(5 行 10 列)的数组。

若有二维数组 a_{mn}，假设 a_{00} 在内存的地址是 LOC(a_{00})，并假设每一元素占用 c 个单元，那么任一元素 a_{ij} 的地址如下。

按行存储时为：

$$\text{LOC}(a_{ij}) = \text{LOC}(a_{00}) + (i*n+j)*c \quad (0 \leq i \leq m-1, \ 0 \leq j \leq n-1)$$

按列存储时为：

$$\text{LOC}(a_{ij}) = \text{LOC}(a_{00}) + (j*m+i)*c \quad (0 \leq i \leq m-1, \ 0 \leq j \leq n-1)$$

【例】对 C 语言的二维数组 float a[5][4]，进行下列计算。

(1) 数组 a 中的元素数目。

(2) 若数组 a 的起始地址为 2000，且每个数据元素的长度是 32 位(4 字节)，求数据 a[3][2] 的地址。

数组 a 是一个 5 行 4 列的二维数组，所以其元素数目是 5*4=20 个。由于 C 语言数组使用按行存储方式，所以：

$$\text{LOC}(a_{32}) = \text{LOC}(a_{00}) + (i*n+j)*c = 2000 + (3*4+2)*4 = 2056$$

5.1.4　多维数组

多维数组的定义格式：

存储类型　数据类型　数组名 1[长度 1][长度 2]…[长度 k]，…

以三维数组为例，任意一个元素 a_{ijk} 的地址(按行存储时或低下标优先存储时)为：

$$\text{LOC}(a_{ijk}) = \text{LOC}(a_{000}) + (i*n*p+j*p+k)*c \quad (0 \leq i \leq m-1, \ 0 \leq j \leq n-1, \ 0 \leq k \leq p-1)$$

5.1.5　数组的顺序存储结构

数组一旦建立，则结构中的数据元素个数和元素间的关系就不再发生变动，因此对数组一般不做插入或删除操作，所以采用顺序存储结构存储数组是很合适的。

在数据存储中，由于内存存储器的结构是一维的，当用一维表示多维的时候，就必须按照某种次序将数组元素排成一个线性序列，然后再存入存储器中。比如二维数组的顺序存储有两种，一种是按行存储，另一种是按列存储。以下设计的数组存储均采用按行存储。

假设二维数组 a_{mn}，每个元素占 c 个存储单元，按行存储，元素 a_{ij} 的地址为：

$$\text{LOC}(a_{i,j}) = \text{LOC}(a_{00}) + (i*n+j)*c \quad (0 \leq i \leq m-1, \ 0 \leq j \leq n-1)$$

二维数组有两种存储方式：图 5.3、图 5.4 分别为按行存储和按列存储。

图 5.3　按行存储

图 5.4　按列存储

5.2　矩阵的压缩存储

在高级语言编程中，通常用二维数组来表示矩阵。然而在实际应用中会遇到一些特殊矩阵，所谓特殊矩阵是指矩阵中值相同的元素或者零元素的分布有一定规律。如对称矩阵和三角矩阵、对角矩阵等。

5.2.1　特殊矩阵

对于一个 n 阶矩阵 A 中的元素满足 $a_{ij} = a_{ji}(0 \leqslant i \leqslant n-1, 0 \leqslant j \leqslant n-1)$，则称 A 为对称矩阵，如图 5.5 所示。当一个方阵的主对角线以上或以下的所有元素皆为零时，该矩阵为三角矩阵，图 5.6 所示为上三角矩阵，图 5.7 所示为下三角矩阵。还有一类矩阵是对角矩阵，如图 5.8 所示，在这种矩阵中所有非零元素集中在以主对角线为中心的带状区域中。

$$\begin{pmatrix} a_{00} & a_{01} & a_{02} & \cdots & a_{0(n-1)} \\ a_{10} & a_{11} & a_{12} & \cdots & a_{1(n-1)} \\ a_{20} & a_{21} & a_{22} & \cdots & a_{2(n-1)} \\ \cdots & \cdots & \cdots & & \cdots \\ a_{(n-1)0} & a_{(n-1)1} & a_{(n-1)2} & \cdots & a_{(n-1)(n-1)} \end{pmatrix}$$

其中，$a_{ij} = a_{ji}(0 \leqslant i \leqslant n, 0 \leqslant j \leqslant n)$

图 5.5　对称矩阵

$$\begin{pmatrix} * & * & * & * & * \\ & * & * & * & * \\ & & * & * & * \\ 0 & & & * & * \\ & & & & * \end{pmatrix}$$

图 5.6　上三角矩阵

$$\begin{pmatrix} * & & & & \\ * & * & & 0 & \\ * & * & * & & \\ * & * & * & * & \\ * & * & * & * & * \end{pmatrix}$$

图 5.7　下三角矩阵

$$\begin{pmatrix} * & * & & & \\ * & * & * & & 0 \\ & * & * & * & \\ 0 & & * & * & * \\ & & & * & * \end{pmatrix}$$

图 5.8　对角矩阵

由于这些特殊的矩阵元素有着一定的规律，在存储的时候为了节省存储空间，可以对这些矩阵进行压缩存储。所谓压缩存储就是为多个值相同的元素分配一个存储空间，对零元素不分配存储空间。

5.2.2   稀疏矩阵

当一个 m*n 的矩阵 *A* 中有 k 个非零元素，若 k<m*n，且这些非零元素在矩阵中的分布又没有一定的规律，则称这种矩阵为稀疏矩阵。图 5.9 所示为 6*5 阶的稀疏矩阵，矩阵中有 7 个非零元素。

$$M = \begin{pmatrix} 4 & 0 & 0 & 11 & 0 & 0 \\ 0 & 0 & 15 & 0 & 0 & 0 \\ 7 & 0 & 10 & 0 & 26 & 0 \\ 0 & 0 & 0 & 0 & 0 & 0 \\ 0 & 0 & 3 & 0 & 0 & 0 \end{pmatrix}$$

图 5.9   稀疏矩阵

按照压缩存储的概念，只需存储稀疏矩阵中的非零元素。但为了实现矩阵的各种运算，除了存储非零元素外，还要记录该非零元素所在的行和列。这样，需要一个三元组(i，j，a_{ij})来唯一确定矩阵中的一个非零元素，其中 i、j 分别表示非零元素的行号和列号，a_{ij} 表示非零元素的值。用三元组表示 *M* 矩阵则为：(1，1，4)(1，4，11)(2，3，15)(3，1，7)(3，3，10)(3，5，26)(5，3，3)。

5.2.3   三元组顺序存储表

假设以顺序存储结构来表示三元组表，则可得到稀疏矩阵的一种压缩存储方式，即三元组顺序表，简称三元组表。三元组顺序表的类型描述如下：

C

```c
#define  MaxSize   非零元素的最大个数
typedef struct
{
    int r,c;                    /*非零元素的行、列下标*/
    ElemType d;                 /*非零元素的值*/
}Triple;
typedef struct
{
    int rows,cols,nums;         /*矩阵的行数、列数和非零元素个数*/
    Triple data[MaxSize];
}TSMatrix;
```

C#

```csharp
class Triple
{
    public const int MaxSize = 100;
    public int r, c;
    public object d;
}
class TSMatrix
{
    int rows, cols, nums;
    Triple[] data = new Triple[Triple.MaxSize];
}
```

Java

```java
class Triple
{
    public final static int MaxSize = 100;
    public int r, c;
    public Object d;
}
class TSMatrix
{
    int rows, cols, nums;
    Triple[] data = new Triple[Triple.MaxSize];
}
```

5.2.4　稀疏矩阵的运算

在三元组中将指定位置元素的值赋给变量，假设有三元组表 t，在 t 中找到指定位置，将该处元素的值赋给变量 x。算法如下：

C

```c
int Get(TSMatrix t, ElemType *x, int rr, int cc)
{
    k=0;
    if (rr>=t.rows||cc>=t.cols)    return (0);
        while(k<t.nums && rr<t.data[k].r)        k++;
    if(rr==t.data[k].r)
    {
        while(k<t.nums && cc<t.data[k].c)
            k++;
        if(t.data[k].c==cc)
        {
            x=t.data[k].d;
            return(1);
        }
    }
    return(0);
}/*Get*/
```

C#

```csharp
class TSMatrix
{
    public int Get(object x, int rr, int cc)
    {
        int k = 0;
```

```
        if (rr >= rows || cc >= cols)
            return 0;
        while (k < nums && rr < data[k].r)
            k++;
        if (rr == data[k].r)
        {
            while (k < nums && cc < data[k].c)
                k++;
            if (data[k].c == cc)
            {
                x = data[k].d;
                return 1;
            }
        }
        return 0;
    }
}
```

Java

```java
class Triple
{
    public int Get(Object x, int rr, int cc)
    {
        int k = 0;
        if (rr >= rows || cc >= cols)
            return 0;
        while (k < nums && rr < data[k].r)
            k++;
        if (rr == data[k].r)
        {
            while (k < nums && cc < data[k].c)
                k++;
            if (data[k].c == cc)
            {
                x = data[k].d;
                return 1;
            }
        }
        return 0;
    }
}
```

在三元组指定位置插入元素，假设有三元组表 t，在 t 中找到指定位置，将该处元素 x 插入三元组表 t 中。算法如下：

C

```c
int Assign(TSMatrix *t, ElemType x, int rr, int cc)
{
    k=0;
    if (rr>=t->rows||cc>=t->cols)
        return (0);
    while(k<t->nums && rr<t->data[k].r)
        k++;
    if(rr==t->data[k].r)
    {
        while(k<t->nums && cc<t->data[k].c)
            k++;
        if(t->data[k].c==cc)                    /*存在该元素,重新赋值*/
        {
            t->data[k].d=x;
            return(1);
        }
    }
        for(i=t->nums-1;i>=k;i--)        /*不存在该元素,插入值*/
            t->data[i+1]=t->data[i];
        t->data[k].d=x;
        t->data[k].r=rr;
        t->data[k].c=cc;
        t->num++;
        return(1);
}/*Assign*/
```

C#

```csharp
class TSMatrix
{
    public int Assign(object x, int rr, int cc)
    {
        int k = 0;
        if (rr >= rows || cc >= cols)
            return (0);
        while (k < nums && rr < data[k].r)
            k++;
        if (rr == data[k].r)
        {
            while (k < nums && cc < data[k].c)
                k++;
            if (data[k].c == cc)                    /*存在该元素,重新赋值*/
            {
                data[k].d = x;
                return (1);
```

```
                }
            }
            for (int i = nums - 1; i >= k; i--)     /*不存在该元素,插入值*/
                data[i + 1] = data[i];
            data[k].d = x;
            data[k].r = rr;
            data[k].c = cc;
            nums++;
            return (1);
        }
    }
```

Java

```
class TSMatrix
    {

    public int Assign(Object x, int rr, int cc)
    {
        int k = 0;
        if (rr >= rows || cc >= cols)
            return (0);
        while (k < nums && rr < data[k].r)
            k++;
        if (rr == data[k].r)
        {
            while (k < nums && cc < data[k].c)
                k++;
            if (data[k].c == cc)                  /*存在该元素,重新赋值*/
            {
                data[k].d = x;
                return (1);
            }
        }
        for (int i = nums - 1; i >= k; i--) /*不存在该元素,插入值*/
            data[i + 1] = data[i];
        data[k].d = x;
        data[k].r = rr;
        data[k].c = cc;
        nums++;
        return (1);
    }
    }
```

　　稀疏矩阵的转置运算就是变换元素位置，即把位于(i，j)的元素换到(j，i)位置上。对于一个 m*n 的矩阵 *M*，它的转置矩阵是一个 n*m 的矩阵 *N*，且 *N*[i][j]=*M*[j][i]，其中 $0 \leq i \leq n-1$，$0 \leq j \leq m-1$。具体算法如下：

C

```c
void Reverse(TSMatrix t, TSMatrix *rt)
{
    rtindex=0;
    rt->rows=t.cols;
    rt->cols=t.rows;
    rt->nums=t.num;
    if(t.num!=0)
        for(c=0;c<t.cols;c++)
            for(tindex=0; tindex<t.nums; tindex++)
                if(t.data[tindex].c==c)
                {
                    rt->data[rtindex].r= t.data[tindex].c;
                    rt->data[rtindex].c= t.data[tindex].r;
                    rt->data[rtindex].d= t.data[tindex].d;
                    rtindex++;
                }
}/*Reverse*/
```

C#

```csharp
class TSMatrix
{
    public void Reverse(TSMatrix rt)
    {
        int rtindex = 0;
        rt.rows = cols;
        rt.cols = rows;
        rt.nums = nums;
        if (nums != 0)
            for (int c = 0; c <cols; c++)
                for (rtindex = 0; rtindex < nums; rtindex++)
                    if (data[rtindex].c == c)
                    {
                        rt.data[rtindex].r = data[rtindex].c;
                        rt.data[rtindex].c = data[rtindex].r;
                        rt.data[rtindex].d = data[rtindex].d;
                        rtindex++;
                    }
    }
}
```

Java

```java
class TSMatrix
    {
        public void Reverse(TSMatrix rt)
        {
        int rtindex = 0;
        rt.rows = cols;
        rt.cols = rows;
        rt.nums = nums;
        if (nums != 0)
            for (int c = 0; c <cols; c++)
                for (rtindex = 0; rtindex < nums; rtindex++)
                    if (data[rtindex].c == c)
                    {
                        rt.data[rtindex].r = data[rtindex].c;
                        rt.data[rtindex].c = data[rtindex].r;
                        rt.data[rtindex].d = data[rtindex].d;
                        rtindex++;
                    }
        }
    }
}
```

5.3　八卦阵的算法实现

当年的八卦阵，用现代的计算机技术模拟实现，就成为了现代的网络游戏。根据诸葛亮八卦阵的故事背景，要求同学利用三元组稀疏矩阵等编写诸葛亮练兵的游戏。具体分配如下：第一组镇守士兵是稀疏矩阵 *ma*，支援士兵为稀疏矩阵 *mb*，每个士兵身上的竹片就是一个三元组，当支援士兵和镇守士兵汇合后，两位士兵的等级之和代表了这块阵地所具备的战斗指数，若支援士兵到达指派的阵地之前没有镇守士兵，那支援士兵的等级就代表了这块阵地的战斗指数。

问题分析：

针对以上描述，可以用稀疏矩阵相加解决这一问题。用三元组顺序表存储士兵身上的竹片数值，并实现矩阵的加法运算。

三元组数据结构代码实现如下：

C

```c
typedef struct
{
    int r,c;
    float d;
}Triple;
typedef struct
{
    int rows,cols,nums;
    Triple data[MaxSize];
}TSMatrix;
```

C#

```
class Triple
    {
        public const int MaxSize = 100;
        public int r, c;
        public float d;
    }
    class TSMatrix
    {
        int rows, cols, nums;
        Triple[] data = new Triple[Triple.MaxSize];
    }
```

Java

```
class Triple
{
    public final static int MaxSize = 100;
    public int r, c;
    public float d;
}
class TSMatrix
{
    int rows, cols, nums;
    Triple[] data = new Triple[Triple.MaxSize];
}
```

建立矩阵的三元组顺序表代码实现如下：

C

```
TSMatrix Create()
{
    TSMatrix t = {0};
    int m,n,i,j;
    float x;
    printf("Please enter the row number and colum number: ");
    scanf("%d,%d",&m,&n);
        t.rows=m; t.cols=n; t.nums=0;
    printf("Please enter the triple: ");
    scanf("%d,%d,%f",&i,&j,&x);
    printf("Please enter the triples: ");
        while(x!=-9999.0)
        {
        t.data[t.nums].r= i;  t.data[t.nums].c= j;
        t.data[t.nums].d= x;      t.nums++;
        scanf("%d,%d,%f, ",&i,&j,&x);
        }
            return t;
}/*Create*/
```

C#

```
class TSMatrix
    {
        public static  TSMatrix Create()
        {
            TSMatrix t = new TSMatrix();
            int m, n, i, j;
            float x;
            Console.WriteLine("请输入矩阵行数: ");
            m = int.Parse(Console.ReadLine());
            Console.WriteLine("请输入矩阵列数: ");
            n = int.Parse(Console.ReadLine());
            t.rows = m;
            t.cols = n;
            t.nums = 0;

            Console.WriteLine("请输入用三元组表示的矩阵:  ");
string[] numbers = Console.ReadLine().Split(',');
            i = int.Parse(numbers[0]);
            j = int.Parse(numbers[1]);
            x = int.Parse(numbers[2]);

            while (x != -9999.0)
            {
                t.data[t.nums] = new Triple();
                t.data[t.nums].r = i;
                t.data[t.nums].c = j;
                t.data[t.nums].d = x;
                t.nums++;
                Console.WriteLine("请继续输入:  ");
string[] numbers1 = Console.ReadLine().Split(',');
                i = int.Parse(numbers1[0]);
                j = int.Parse(numbers1[1]);
                x = int.Parse(numbers1[2]);
            }
            return t;
        }/*Create*/
    }
```

Java

```
class TSMatrix
{
int rows, cols, nums;
    Triple[] data = new Triple[Triple.MaxSize];
```

```java
public static  TSMatrix Create()
    {
        TSMatrix t = new TSMatrix();
        int m, n, i, j;
        float x;
        Scanner input = new Scanner(System.in);
        System.out.println("请输入矩阵行数: ");
        m = input.nextInt();
        System.out.println("请输入矩阵列数: ");
        n = input.nextInt();
        t.rows = m;
        t.cols = n;
        t.nums = 0;

        System.out.println("请输入用三元组表示的矩阵:  ");
        i = input.nextInt();
        j = input.nextInt();
        x = input.nextFloat();

        while (x != -9999.0)
        {
            t.data[t.nums] = new Triple();
            t.data[t.nums].r = i;
            t.data[t.nums].c = j;
            t.data[t.nums].d = x;
            t.nums++;
            System.out.println("请继续输入:  ");
            i = input.nextInt();
            j = input.nextInt();
            x = input.nextFloat();
        }
        return t;
    }/*Create*/
}
```

三元组表示的稀疏矩阵加法运算的算法实现代码如下：

C

```c
TSMatrix  Add(TSMatrix ma,TSMatrix mb)
{
    TSMatrix mc = {0};
    int pa,pb,pc;
    float val;
    pa=0;  pb=0; pc=0;
    mc.rows=ma.rows; mc.cols=ma.cols; mc.nums=0;
    while(pa<ma.nums && pb<mb.nums)
```

```
    if(ma.data[pa].r == mb.data[pb].r)        // 行值相等
    if(ma.data[pa].c == mb.data[pb].c)        // 行、列值相等
    {
        val=ma.data[pa].d+mb.data[pb].d;
        if(val)
        {
            mc.data[pc].r=ma.data[pa].r;
            mc.data[pc].c=ma.data[pa].c;
            mc.data[pc].d=val;  pa++;pb++;pc++;
        }
        else
        {
    pa++;
    pb++;
        }
    }
    else if(ma.data[pa].c<mb.data[pb].c)
    {
        mc.data[pc].r=ma.data[pa].r;
        mc.data[pc].c=ma.data[pa].c;
        mc.data[pc].d=ma.data[pa].d;
        pa++;
        pc++;
    }
        else
        {
            mc.data[pc].r=mb.data[pb].r;
            mc.data[pc].c=mb.data[pb].c;
            mc.data[pc].d=mb.data[pb].d;
            pb++;
            pc++;
        }
    else
    if(ma.data[pa].r<mb.data[pb].r)
    {
        mc.data[pc].r=ma.data[pa].r;
        mc.data[pc].c=ma.data[pa].c;
        mc.data[pc].d=ma.data[pa].d;
        pa++;
        pc++;
    }
    else
    {
        mc.data[pc].r=mb.data[pb].r;
```

```
                mc.data[pc].c=mb.data[pb].c;
                mc.data[pc].d=mb.data[pb].d;  pb++;pc++;
        }
        while(pa<ma.nums)            // 插入 ma 中剩余的元素
        {
                mc.data[pc] =ma.data[pa];    pa++; pc++;
        }
        while(pb<mb.nums)            // 插入 mb 中剩余的元素
        {
                mc.data[pc] = mb.data[pb];
                pb++; pc++;
        }
        mc.nums = pc;
        return mc;
}
```

C#

```
class TSMatrix
    {
        public static TSMatrix Add(TSMatrix ma, TSMatrix mb)
        {
            TSMatrix mc = new TSMatrix();
            int pa, pb, pc;
            float val;
            pa = 0; pb = 0; pc = 0;
            mc.rows = ma.rows;
            mc.cols = ma.cols;
            mc.nums = 0;
            while (pa < ma.nums && pb < mb.nums)
                if (ma.data[pa].r == mb.data[pb].r)        // 行值相等
                    if (ma.data[pa].c == mb.data[pb].c)      // 行、列值相等
                    {
                        val = (float)ma.data[pa].d + (float)mb.data[pb].d;
                        if (val != 0)
                        {
                            mc.data[pc] = new Triple();
                            mc.data[pc].r = ma.data[pa].r;
                            mc.data[pc].c = ma.data[pa].c;
                            mc.data[pc].d = val;
                            pa++; pb++; pc++;
                        }
                        else
                        {
                            pa++; pb++;
                        }
```

```
            }
            else if (ma.data[pa].c < mb.data[pb].c)
            {
                mc.data[pc] = new Triple();
                mc.data[pc].r = ma.data[pa].r;
                mc.data[pc].c = ma.data[pa].c;
                mc.data[pc].d = ma.data[pa].d;
                pa++; pc++;
            }
            else
            {
                mc.data[pc] = new Triple();
                mc.data[pc].r = mb.data[pb].r;
                mc.data[pc].c = mb.data[pb].c;
                mc.data[pc].d = mb.data[pb].d;
                pb++; pc++;
            }
        else
            if (ma.data[pa].r < mb.data[pb].r)
            {
                mc.data[pc] = new Triple();
                mc.data[pc].r = ma.data[pa].r;
                mc.data[pc].c = ma.data[pa].c;
                mc.data[pc].d = ma.data[pa].d;
                pa++; pc++;
            }
            else
            {
                mc.data[pc] = new Triple();
                mc.data[pc].r = mb.data[pb].r;
                mc.data[pc].c = mb.data[pb].c;
                mc.data[pc].d = mb.data[pb].d;
                pb++; pc++;
            }
while (pa < ma.nums) // 插入 ma 中剩余的元素
{
    mc.data[pc] = new Triple();
    mc.data[pc] = ma.data[pa];
    pa++; pc++;
}
while (pb < mb.nums) // 插入 mb 中剩余的元素
{
    mc.data[pc] = new Triple();
    mc.data[pc] = mb.data[pb];
```

```
                pb++; pc++;
            }
        mc.nums = pc;
        return mc;
    }
}
```

Java

```
class TSMatrix
{
    int rows, cols, nums;
    Triple[] data = new Triple[Triple.MaxSize];
    public static TSMatrix Add(TSMatrix ma, TSMatrix mb)
    {
        TSMatrix mc = new TSMatrix();
        int pa, pb, pc;
        float val;
        pa = 0; pb = 0; pc = 0;
        mc.rows = ma.rows;
        mc.cols = ma.cols;
        mc.nums = 0;
        while (pa < ma.nums && pb < mb.nums)
            if (ma.data[pa].r == mb.data[pb].r)        // 行值相等
                if (ma.data[pa].c == mb.data[pb].c)     // 行、列值相等
                {
                    val = ma.data[pa].d + mb.data[pb].d;
                    if (val != 0)
                    {
                        mc.data[pc] = new Triple();
                        mc.data[pc].r = ma.data[pa].r;
                        mc.data[pc].c = ma.data[pa].c;
                        mc.data[pc].d = val;
                        pa++; pb++; pc++;
                    }
                    else
                    {
                        pa++; pb++;
                    }
                }
                else if (ma.data[pa].c < mb.data[pb].c)
                {
                    mc.data[pc] = new Triple();
                    mc.data[pc].r = ma.data[pa].r;
                    mc.data[pc].c = ma.data[pa].c;
                    mc.data[pc].d = ma.data[pa].d;
```

```
                    pa++; pc++;
                }
                else
                {
                    mc.data[pc] = new Triple();
                    mc.data[pc].r = mb.data[pb].r;
                    mc.data[pc].c = mb.data[pb].c;
                    mc.data[pc].d = mb.data[pb].d;
                    pb++; pc++;
                }
            else
                if (ma.data[pa].r < mb.data[pb].r)
                {
                    mc.data[pc] = new Triple();
                    mc.data[pc].r = ma.data[pa].r;
                    mc.data[pc].c = ma.data[pa].c;
                    mc.data[pc].d = ma.data[pa].d;
                    pa++; pc++;
                }
                else
                {
                    mc.data[pc] = new Triple();
                    mc.data[pc].r = mb.data[pb].r;
                    mc.data[pc].c = mb.data[pb].c;
                    mc.data[pc].d = mb.data[pb].d;
                    pb++; pc++;
                }
        while (pa < ma.nums) // 插入 ma 中剩余的元素
        {
            mc.data[pc] = new Triple();
            mc.data[pc] = ma.data[pa];
            pa++; pc++;
        }
        while (pb < mb.nums) // 插入 mb 中剩余的元素
        {
            mc.data[pc] = new Triple();
            mc.data[pc] = mb.data[pb];
            pb++; pc++;
        }
        mc.nums = pc;
        return mc;
    }
}
```

本 章 小 结

本章主要知识点如下。

(1) 多维数组在计算机中有两种存放方式：按行存储和按列存储。

(2) 对称矩阵关于主对角线对称。为节省存储空间，可以进行压缩存储，对角线以上的元素和对角线以下的元素可以共用存储空间。所以 n*n 的对称矩阵只需要 n(n+1)/2 个存储单元。

(3) 三角矩阵有上三角矩阵和下三角矩阵之分，为节省空间，也可以采用压缩存储。n*n 的三角矩阵只需要 n(n+1)/2+1 个存储单元。

(4) 稀疏矩阵的非零元素排列无任何规律，为节约存储空间，进行压缩存储时，可以采用三元组表示方法，即存储非零元素的行号、列号和数值。若干个非零元素有若干个三元组，若干个三元组称为三元组表。

本 章 实 训

实训：三元组实现二维数组相加

实训目的

利用三元组实现压缩存储，并完成二维数组相加。

实训环境

(1) 硬件：两台 PC 分别由两位用户 Alice 和 Bob 操作(以下标 PC_Alice 和 PC_Bob 表示)。

(2) 软件：Windows 2000/2003/XP 系统平台；PGP Freeware 6.5.3 软件。

实训内容

(1) 建立稀疏矩阵的三元组顺序表 Create，依行序为主序、列序为辅序输入稀疏矩阵的非零元素(三元组格式)，创建稀疏矩阵的三元组顺序表。

(2) 矩阵相加 Add，和矩阵中每个元素的值是两个稀疏矩阵相应位置的元素相加得到的。

(3) 输出三元组顺序表的值 Print。

(4) 主函数 main，依次调用上述 Create、Add、Print 3 个函数即可。

实训结果如图 5.10 所示。

图 5.10　实训结果图

实现代码如下：

C

```
#include <stdio.h>
#include <tchar.h>
#include <stdlib.h>

#define MaxSize 100
typedef struct
{
        int r,c;
        float d;
}Triple;

typedef struct
{
    int rows,cols,nums;
    Triple data[MaxSize];
}TSMatrix;
TSMatrix Create()    /*建立矩阵的三元组顺序表*/
{
    TSMatrix t = {0};
    int m,n,i,j;
    float x;
    printf("Please enter the row number and colum number: ");
    scanf("%d,%d",&m,&n);
    t.rows=m; t.cols=n; t.nums=0;
    printf("Please enter the triple: ");
    scanf("%d,%d,%f",&i,&j,&x);
    printf("Please enter the triples: ");
    while(x!=-9999.0)
    {
        t.data[t.nums].r= i;  t.data[t.nums].c= j;
        t.data[t.nums].d= x;      t.nums++;
        scanf("%d,%d,%f, ",&i,&j,&x);
    }
    return t;
}/*Create*/
// 三元组表示的稀疏矩阵加法运算
TSMatrix  Add(TSMatrix ma,TSMatrix mb)
{
    TSMatrix mc = {0};
    int pa,pb,pc;
    float val;
    pa=0;  pb=0; pc=0;
    mc.rows=ma.rows; mc.cols=ma.cols; mc.nums=0;
    while(pa<ma.nums && pb<mb.nums)
    if(ma.data[pa].r == mb.data[pb].r)        // 行值相等
```

```
    if(ma.data[pa].c == mb.data[pb].c) // 行、列值相等
    {
        val=ma.data[pa].d+mb.data[pb].d;
        if(val)
        {
            mc.data[pc].r=ma.data[pa].r;
            mc.data[pc].c=ma.data[pa].c;
            mc.data[pc].d=val;  pa++;pb++;pc++;
        }
        else
        {
            pa++;
            pb++;
        }
    }
    else if(ma.data[pa].c<mb.data[pb].c)
    {
        mc.data[pc].r=ma.data[pa].r;
        mc.data[pc].c=ma.data[pa].c;
        mc.data[pc].d=ma.data[pa].d;
        pa++;
        pc++;
    }
        else
        {
            mc.data[pc].r=mb.data[pb].r;
            mc.data[pc].c=mb.data[pb].c;
            mc.data[pc].d=mb.data[pb].d;
            pb++;
            pc++;
        }
    else
    if(ma.data[pa].r<mb.data[pb].r)
    {
        mc.data[pc].r=ma.data[pa].r;
        mc.data[pc].c=ma.data[pa].c;
        mc.data[pc].d=ma.data[pa].d;
        pa++;
        pc++;
    }
    else
    {
        mc.data[pc].r=mb.data[pb].r;
        mc.data[pc].c=mb.data[pb].c;
        mc.data[pc].d=mb.data[pb].d;  pb++;pc++;
    }
while(pa<ma.nums) // 插入 ma 中剩余的元素
{
```

```
        mc.data[pc] =ma.data[pa];    pa++; pc++;
        }
        while(pb<mb.nums)  // 插入 mb 中剩余的元素
        {
            mc.data[pc] = mb.data[pb];
            pb++; pc++;
        }
        mc.nums = pc;
        return mc;
}

void Print(TSMatrix t)
{
    int i;
    printf("(");
    for(i=0; i<t.nums; i++)
    printf("(%d,%d,%f)",t.data[i].r,t.data[i].c,t.data[i].d);
    printf(")\n");
}
void main()
{
    TSMatrix ma,mb,mc;
    ma = Create();
    mb = Create();
    mc = Add(ma,mb);
    Print(ma);
    Print(mb);
    Print(mc);
}
```

C#

```
class Triple
{
    public const int MaxSize = 100;
    public int r, c;
    public float d;
}
class TSMatrix
{
    int rows, cols, nums;
    Triple[] data = new Triple[Triple.MaxSize];
    public static  TSMatrix Create()
    {
        TSMatrix t = new TSMatrix();
        int m, n, i, j;
        float x;
        Console.WriteLine("请输入矩阵行数: ");
        m = int.Parse(Console.ReadLine());
```

```
            Console.WriteLine("请输入矩阵列数: ");
            n = int.Parse(Console.ReadLine());
            t.rows = m;
            t.cols = n;
            t.nums = 0;
            Console.WriteLine("请输入用三元组表示的矩阵: ");
string[] numbers = Console.ReadLine().Split(',');
            i = int.Parse(numbers[0]);
            j = int.Parse(numbers[1]);
            x = int.Parse(numbers[2]);
            while (x != -9999.0)
            {
                t.data[t.nums] = new Triple();
                t.data[t.nums].r = i;
                t.data[t.nums].c = j;
                t.data[t.nums].d = x;
                t.nums++;
                Console.WriteLine("请继续输入: ");
string[] numbers1 = Console.ReadLine().Split(',');
                i = int.Parse(numbers1[0]);
                j = int.Parse(numbers1[1]);
                x = int.Parse(numbers1[2]);
            }
            return t;
        }/*Create*/

        public static TSMatrix Add(TSMatrix ma, TSMatrix mb)
        {
            TSMatrix mc = new TSMatrix();
            int pa, pb, pc;
            float val;
            pa = 0; pb = 0; pc = 0;
            mc.rows = ma.rows;
            mc.cols = ma.cols;
            mc.nums = 0;
            while (pa < ma.nums && pb < mb.nums)
                if (ma.data[pa].r == mb.data[pb].r)         // 行值相等
                    if (ma.data[pa].c == mb.data[pb].c)     // 行、列值相等
                    {
                        val = ma.data[pa].d + mb.data[pb].d;
                        if (val != 0)
                        {
                            mc.data[pc] = new Triple();
                            mc.data[pc].r = ma.data[pa].r;
                            mc.data[pc].c = ma.data[pa].c;
                            mc.data[pc].d = val;
                            pa++; pb++; pc++;
```

```
                }
                else
                {
                    pa++;  pb++;
                }
            }
            else if (ma.data[pa].c < mb.data[pb].c)
            {
                mc.data[pc] = new Triple();
                mc.data[pc].r = ma.data[pa].r;
                mc.data[pc].c = ma.data[pa].c;
                mc.data[pc].d = ma.data[pa].d;
                pa++;  pc++;
            }
            else
            {
                mc.data[pc] = new Triple();
                mc.data[pc].r = mb.data[pb].r;
                mc.data[pc].c = mb.data[pb].c;
                mc.data[pc].d = mb.data[pb].d;
                pb++;  pc++;
            }
        else
            if (ma.data[pa].r < mb.data[pb].r)
            {
                mc.data[pc] = new Triple();
                mc.data[pc].r = ma.data[pa].r;
                mc.data[pc].c = ma.data[pa].c;
                mc.data[pc].d = ma.data[pa].d;
                pa++; pc++;
            }
            else
            {
                mc.data[pc] = new Triple();
                mc.data[pc].r = mb.data[pb].r;
                mc.data[pc].c = mb.data[pb].c;
                mc.data[pc].d = mb.data[pb].d;
                pb++;  pc++;
            }
while (pa < ma.nums) // 插入 ma 中剩余的元素
{
    mc.data[pc] = new Triple();
    mc.data[pc] = ma.data[pa];
    pa++; pc++;
```

```
        }
        while (pb < mb.nums)  // 插入 mb 中剩余的元素
        {
            mc.data[pc] = new Triple();
            mc.data[pc] = mb.data[pb];
            pb++; pc++;
        }
        mc.nums = pc;
        return mc;
    }


    public static void Print(TSMatrix t)
    {
        int i;
        Console .WriteLine ("(");
        for (i = 0; i < t.nums; i++)
            Console .WriteLine ("({0},{1},{2})", t.data[i].r, t.data[i].c,
t.data[i].d);
        Console .WriteLine (")");
    }



    static void Main()
    {
        TSMatrix ma, mb, mc;
        ma = Create();
        mb = Create();
        mc = Add(ma, mb);
        Console.WriteLine("矩阵 ma 如下: ");
        Print(ma);
        Console.WriteLine("矩阵 mb 如下: ");
        Print(mb);
        Console.WriteLine("合并后的矩阵 mc 如下: ");
        Print(mc);
    }
}
```

Java

```
import java.util.*;

class Triple
{
    public final static int MaxSize = 100;
    public int r, c;
    public float d;
```

```
}
class TSMatrix
{
    int rows, cols, nums;
    Triple[] data = new Triple[Triple.MaxSize];
    public static  TSMatrix Create()
    {
    TSMatrix t = new TSMatrix();
        int m, n, i, j;
        float x;
        Scanner input = new Scanner(System.in);
        System.out.println("请输入矩阵行数: ");
        m = input.nextInt();
        System.out.println("请输入矩阵列数: ");
        n = input.nextInt();
        t.rows = m;
        t.cols = n;
        t.nums = 0;

        System.out.println("请输入用三元组表示的矩阵:  ");
        i = input.nextInt();
        j = input.nextInt();
        x = input.nextFloat();

        while (x != -9999.0)
        {
            t.data[t.nums] = new Triple();
            t.data[t.nums].r = i;
            t.data[t.nums].c = j;
            t.data[t.nums].d = x;
            t.nums++;
            System.out.println("请继续输入:  ");
            i = input.nextInt();
            j = input.nextInt();
            x = input.nextFloat();
        }
        return t;
    }/*Create*/

    public static TSMatrix Add(TSMatrix ma, TSMatrix mb)
    {
        TSMatrix mc = new TSMatrix();
        int pa, pb, pc;
        float val;
```

```
                  pa = 0; pb = 0; pc = 0;
              mc.rows = ma.rows;
              mc.cols = ma.cols;
              mc.nums = 0;
              while (pa < ma.nums && pb < mb.nums)
                  if (ma.data[pa].r == mb.data[pb].r)          // 行值相等
                      if (ma.data[pa].c == mb.data[pb].c)       // 行、列值相等
                      {
                          val = ma.data[pa].d + mb.data[pb].d;
                          if (val != 0)
                          {
                              mc.data[pc] = new Triple();
                              mc.data[pc].r = ma.data[pa].r;
                              mc.data[pc].c = ma.data[pa].c;
                              mc.data[pc].d = val;
                              pa++; pb++; pc++;
                          }
                          else
                          {
                              pa++; pb++;
                          }
                      }
                      else if (ma.data[pa].c < mb.data[pb].c)
                      {
                          mc.data[pc] = new Triple();
                          mc.data[pc].r = ma.data[pa].r;
                          mc.data[pc].c = ma.data[pa].c;
                          mc.data[pc].d = ma.data[pa].d;
                          pa++; pc++;
                      }
                      else
                      {
                          mc.data[pc] = new Triple();
                          mc.data[pc].r = mb.data[pb].r;
                          mc.data[pc].c = mb.data[pb].c;
                          mc.data[pc].d = mb.data[pb].d;
                          pb++; pc++;
                      }
                  else
                      if (ma.data[pa].r < mb.data[pb].r)
                      {
                          mc.data[pc] = new Triple();
                          mc.data[pc].r = ma.data[pa].r;
                          mc.data[pc].c = ma.data[pa].c;
```

```
                        mc.data[pc].d = ma.data[pa].d;
                        pa++; pc++;
                    }
                    else
                    {
                        mc.data[pc] = new Triple();
                        mc.data[pc].r = mb.data[pb].r;
                        mc.data[pc].c = mb.data[pb].c;
                        mc.data[pc].d = mb.data[pb].d;
                        pb++;  pc++;
                    }
        while (pa < ma.nums) // 插入 ma 中剩余的元素
        {
            mc.data[pc] = new Triple();
            mc.data[pc] = ma.data[pa];
            pa++; pc++;
        }
        while (pb < mb.nums) // 插入 mb 中剩余的元素
        {
            mc.data[pc] = new Triple();
            mc.data[pc] = mb.data[pb];
            pb++; pc++;
        }
        mc.nums = pc;
        return mc;
    }


    public static void Print(TSMatrix t)
    {
        int i;
        System.out.printl("(");
        for (i = 0; i < t.nums; i++)
        System.out.printl("("+t.data[i].r +","+ t.data[i].c +","+ t.data[i].d+")");
        System.out.println(")");
    }


    public static void main(String[] args)
    {
        TSMatrix ma, mb, mc;
        ma = Create();
        mb = Create();
        mc = Add(ma, mb);
        System.out.println("矩阵 ma 如下: ");
```

```
        Print(ma);
        System.out.println("矩阵 mb 如下: ");
        Print(mb);
        System.out.println("合并后的矩阵 mc 如下: ");
        Print(mc);
    }
}
```

本 章 习 题

1. 填空题

(1) 一维数组的逻辑结构是_____，存储结构是_____，对于二维数组或多维数组，分为_____和_____两种不同的存储方式。

(2) 对于一个二维数组 a[m][n]，若按行存储，则任一元素 a[i][j]相对 a[0][0]的地址为_____。

(3) 一个稀疏矩阵为 $\begin{pmatrix} 0 & 0 & 2 & 0 \\ 3 & 0 & 0 & 0 \\ 0 & 0 & -1 & 5 \\ 0 & 0 & 0 & 0 \end{pmatrix}$，则对应的三元组线性表为_____。

(4) 一个 n*n 的对称矩阵，如果以按行存储存入内存，则其容量为_____。

(5) 设有一个 10 阶的对称矩阵 A，采用压缩存储方式以按行顺序存储，a_{00} 为第一个元素，其存储地址为 0，每个元素占有一个存储地址空间，则 a_{85} 的地址为_____。

2. 选择题

(1) 数组的基本操作主要包括(   )。

　　A．建立与删除　　B．索引与修改　　C．访问和修改　　D．访问与索引

(2) 稀疏矩阵一般的压缩存储方法有两种，即(   )。

　　A．二维数组和三维数组　　　　　　　　B．三元组和散列

　　C．三元组和十字链表　　　　　　　　　D．散列和十字链表

(3) 设矩阵 A 是一个对称矩阵，为了节省空间，将其下三角矩阵按行存储存放在一个一维数组 B[1,n(n+1)/2]中，对下三角部分中任一元素 $a_{ij}(i \geqslant j)$，在一维数组 B 中下标 k 的值是(   )。

　　A．i(i-1)/2+j-1　　B．i(i-1)/2+j　　C．i(i+1)/2+j-1　　D．i(i+1)/2+j

3. 简答题

假设有二维数组 $A_{6\times8}$，每个元素用相邻的 6 个字节存储，存储器按字节编址。已知 A 的起始存储位置(基地址)为 1000，计算以下问题。

(1) 数组 A 的存储量。

(2) 数组 A 的最后一个元素 a_{57} 的第一个字节的地址。

(3) 按行存储时，元素 a_{14} 的第一个字节的地址。

(4) 按列存储时，元素 a_{47} 的第一个字节的地址。

4. 算法题

(1) 试编写一个判别式中的括号是否配对的算法。

(2) 已知数组 R[0… (n-1)]为整数数组，试设计实现下列运算的递归算法。

① 求数组 R 中的最大整数。

② 求 n 个整数之和。

③ 求 n 个整数的平均值。

(3) 设有上对角矩阵 A，用一维数组 B 存放 A 中的对角上的元素 a_{ij}，试设计由 A 确定 B 中的元素值的算法。

第 **6** 章　树型结构之锦囊妙计

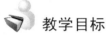　教学目标

　　数据结构中的树型结构与前面介绍的线性表、堆栈、队列等线性结构不同，它是一种应用非常广泛的非线性结构。本章将介绍树和二叉树的定义、存储结构、性质和特点；3 种遍历方式；哈夫曼树的建立和应用，这些知识是数据结构中的重点。同时，在每个学习任务中，将通过简单有趣的三国小故事帮助大家加深对这些知识的理解。

　教学要求

知识要点	能力要求	相关知识
树的定义	会用树的模型找到现实的例子，理解树的相关概念	树的 4 种表示方法
二叉树的定义	掌握二叉树的定义、性质	二叉树的 5 种形态
二叉树的存储	会用数组存储二叉树	二叉树的顺序存储
3 种遍历方式	掌握先根、中根和后根 3 种遍历方式	递归的方法
哈夫曼树	掌握哈夫曼树的建立和应用	哈夫曼编码

　引例

　　话说赤壁大战后，周瑜为了扩大战果，继续攻打曹操的南郡，不幸被毒箭射中，诸葛亮趁机连夺三城。周瑜心下恼恨，想把城池夺回来，骗刘备过东吴，以便软禁他。刘备踌躇去留之际，诸葛亮交给赵云 3 个锦囊，叫他陪刘备走一趟，关键时刻打开锦囊，依计行事。这里还有个小插曲，周瑜是何等精明之人，早派探子搜过赵云和刘备的行李，发现了这 3 个锦囊，派能工巧匠拆开之后，发现锦囊书写的内容他们根本看不懂，周瑜只好作罢。原来锦囊是用诸葛亮约定的编码书写的。虽然当时已有纸张出现，但一般还是把字写在竹简上，赵云嫌竹简太重，诸葛亮才想到这一妙计，诸葛亮是不是最早的编码专家呢？

6.1　树

张飞家族有 4 名成员：张飞有两个儿子，大儿子张苞，次儿张绍，大儿子张苞的儿子叫张遵，这个家族父子之间的关系可以用树型结构表示，如图 6.1 所示。

树型结构的数据元素之间呈现分支、分层的特点。树型结构在客观世界中广泛存在，如家族的家谱、各种社会组织结构都可以用树形象地表示。在计算机领域中，操作系统中的目录树、数据库中信息的组织形式也用到树型结构。

6.1.1　树的基本概念

在日常生活中经常遇到具有层次关系的例子。例如，一所大学由若干个学院组成，每个学院又有若干个专业。学校、学院和专业可以看成是一个 3 级的层次关系。经常用到的操作系统下的文件系统，根目录下包含很多子目录和文件，子目录下再包含子目录和文件，这也是一个典型的层次关系。

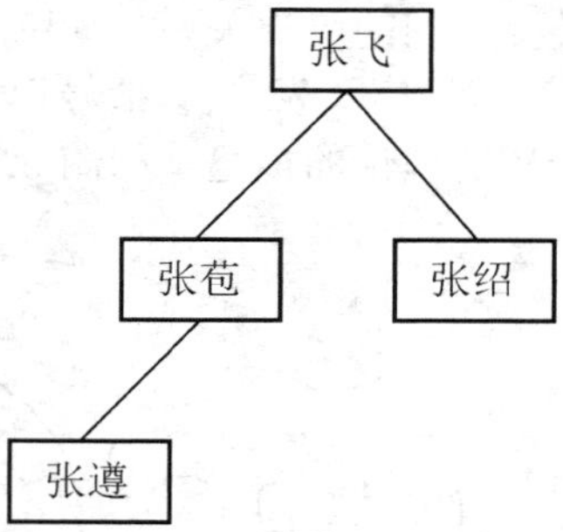

图 6.1　张飞的家族成员示例图

树(Tree)是由 n(n≥0) 个结点构成的有限集合 T，当 n=0 时 T 称为空树；否则，在任一非空树 T 中都具备以下两个特点。

(1) 有且仅有一个特定的结点，它没有前驱结点，称其为根(Root)结点。

(2) 剩下的结点可分为 m(m≥0) 个互不相交的子集 T1，T2，…，Tm，其中每个子集本身又是一棵树，并称其为根的子树(Subtree)。

> 注意：树的定义具有递归性，即"树中还有树"。树的递归定义揭示出了树的固有特性。

树的形状如图 6.2 所示，图 6.2(a)是只含有一个根结点的树，图 6.2(b)是含有多个结点的树。

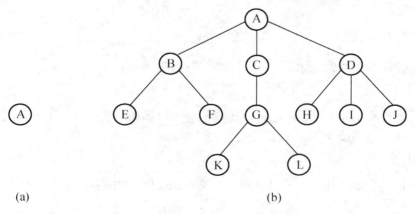

(a)　　　　　　　　　　　　　　　(b)

图 6.2　树的示例图

> 注意：由于子树的互不相交性，树中每个结点只属于一棵树(子树)，且树中的每一个结点都是该树中某一棵子树的根。

6.1.2　树的表示方法

在不同的应用场合，可以用不同的方法来表示树。常用的表示方法有以下 4 种。

(1) 直观(树形、倒置树)表示法。 这种表示方法非常形象，树的形状就像一棵倒立的树，如图 6.2 所示。

(2) 嵌套集合(文氏图)表示法。该表示法用集合表示结点之间的层次关系，对于其中任意两个集合，或者不相交，或者一个集合包含另一个集合，如图 6.3(a)所示。

(3) 凹入表(缩进)表示法。该表示法类似于书的目录，用结点逐层缩进的方法表示树中各结点之间的层次关系，如图 6.3(b)所示。

(4) 广义表(嵌套括号)表示法。该表示法用括号的嵌套表示结点之间的层次关系，主要用于树的理论的描述，如图 6.3(c)所示。

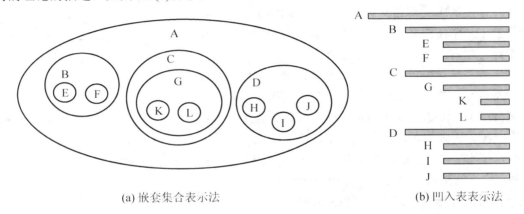

(a) 嵌套集合表示法　　　　　　　　　　(b) 凹入表表示法

A(B(E,F),C(G(K,L)),D(H,I,J))

(c) 广义表表示法

图 6.3　树的 3 种表示方法

6.1.3　树的常用术语

下面给出树结构中的常用术语。

1. 结点

结点表示一个数据元素和若干指向其子树的分支。例如，在图 6.2(b)所示的树中，A、B、C、D、E、F、G、H、I、J、K、L 都是树中的结点。

2. 结点的度

结点的度指一个结点拥有的子树个数。在图 6.2(b)所示的树中，A 的度为 3，C 的度为 1，F 的度为 0。

3. 树的度

树的度指树中结点的最大度数。图 6.2(b)中树的度为 3。

4. 叶子

度为零的结点称为叶子。在图 6.2(b)所示的树中，E、F、H、I、J、K、L 都是树的叶子结点。

5. 分支结点

度不为零的结点。一棵树除了叶子结点外，其余都是分支结点。

6. 孩子和双亲

结点的子树的根称为该结点的孩子，相应地，该结点称为孩子的双亲。在图 6.2(b)所示的树中，A 结点是 B、C、D 结点的双亲，而 B、C、D 结点是 A 结点的孩子。

7. 兄弟

同一个双亲的孩子之间互称为兄弟。在图 6.2(b)所示的树中，H、I、J 互为兄弟。

8. 祖先和子孙

结点的祖先是指从根到该结点所经分支上的所有结点。相应地，以某一结点为根的子树中的任一结点称为该结点的子孙。在图 6.2(b)所示的树中，A 是所有结点的祖先，A、C 结点是 G、K、L 的祖先，K、L 结点是 A、C、G 结点的子孙。

9. 结点的层次

结点的层次从根开始定义，根结点的层次为 1，其孩子结点的层次为 2，依此类推，任意结点的层次为双亲结点层次加 1。

10. 堂兄弟

双亲在同一层的结点互为堂兄弟。在图 6.2(b)所示的树中，G 与 E、F、H、I、J 互为堂兄弟。

11. 树的深度

树中结点的最大层次称为树的深度。图 6.2(b)所示的树的深度为 4。

12. 有序树和无序树

将树中每个结点的各子树看成是从左到右有次序的(位置不能互换)，则称该树为有序树；否则称为无序树。

13. 森林

森林是 m(m≥0)棵互不相交的树的有限集合。对树中每个结点而言，其子树的集合即为森林；反之，若给森林中的每棵树的根结点都赋予同一个双亲结点，便得到一棵树。

6.2　树的基本操作

树是一种应用非常广泛的数据结构，树的基本操作有如下几种。

(1) 初始化 InitTree(T)：将树 T 初始化为一棵空树。

(2) 判断树空 TreeEmpty(T)：判断一棵树 T 是否为空，若为空，返回真，否则返回假。

(3) 求根结点 Root(T)：返回树 T 的根结点。

(4) 求双亲结点 Parent(T，x)：返回 x 的双亲结点，如果 x 为根结点，则返回空。

(5) 求孩子结点 Child(T，x，i)：求树 T 中结点 x 的第 i 个孩子结点，若结点 x 是叶子结点，或者无第 i 个孩子结点，则返回空。

(6) 插入子树 InsertChild(T，x，i，y)：将根为 y 的子树置为树 T 中结点 x 的第 i 棵子树。

(7) 删除子树 DeleteChild(T，x，i)：删除树 T 中结点 x 的第 i 棵子树。

(8) 遍历树 Traverse(T)：从根结点开始，按照一定的次序访问树中所有的结点。

6.3 树的存储结构

树是一种非线性结构，为了存储树，不仅要存储树中各结点本身的数据信息，还要能唯一地反映树中各结点之间的逻辑关系。下面介绍常用的数组存储树的方式：双亲(数组)表示法。

双亲(数组)表示法是树的一种顺序存储结构，这种表示法用一维数组来存储树的有关信息，将树中的结点按照从上到下、从左到右的顺序存放在一个一维数组中，每个数组元素中存放一个结点的信息，包括该结点本身的信息和该结点双亲的位置信息，即双亲的下标值。这种存储结构的类型描述如下：

C

```c
#define MaxSize  100          /*设树中结点总个数为100*/
typedef  struct               /*树中结点的类型*/
{
    ElementType  data;        /*ElementType 为树中结点数据域的数据类型*/
    int  parent;              /*结点双亲的下标*/
    }SeqTrNode;
typedef struct                /*树的类型*/
{
    SeqTrNode tree[MaxSize];  /*用数组 tree 存放结点的信息*/
    int nodenum;              /*树中实际结点的个数*/
}SeqTree;
SeqTree T;
```

C#

```csharp
public class SeqTrNode
{
    private char data;
    private int parent;
    public SeqTrNode (char data , int parent)
    {
        this.data = data;
        this.parent=parent;
    }
}
public class SeqTree
{
    public static int MAXSIZE = 100;
    int nodenum = 0;
    SeqTrNode[] tree = new SeqTrNode[MAXSIZE];
}
```

Java
```java
class SeqTrNode
{
    char data;
    int parent;
    SeqTrNode (char data , int parent)
    {
        this.data = data;
        this.parent=parent;
    }
}
public class SeqTree
{
    public static int MAXSIZE = 100;
    int nodenum = 0;
    SeqTrNode[] tree = new SeqTrNode[];
}
```

图 6.4 给出了一棵树及其双亲数组表示法,用这种表示法要求出某个结点的双亲结点是非常容易的。例如求 D 结点的双亲,从它对应的 parent 域中可找到是序号为 0 的结点,即为 A。根结点是唯一没有双亲的结点,在它对应的 parent 域中记为-1,表示其双亲不存在。但这种表示法求某个结点的孩子结点比较困难,需要遍历整棵树。

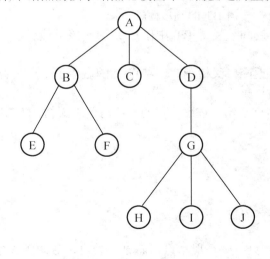

	data	parent
0	A	−1
1	B	0
2	C	0
3	D	0
4	E	1
5	F	1
6	G	3
7	H	6
8	I	6
9	J	6

(a) 一棵树　　　　　　　　　　　(b) 树的双亲数组表示法

图6.4　树的双亲数组表示法

6.4　二叉树的定义

二叉树是树型结构中一种最典型、最常用的结构,处理起来比一般树简单,而且树也可以很容易地转换成二叉树,所以二叉树是本章介绍的重点。

6.4.1 二叉树的定义

二叉树(Binary Tree)是 n(n≥0)个结点的有限集合 BT，它或者是空集，或者由一个根结点和两棵分别称为左子树和右子树的互不相交的二叉树组成。

其特点是每个结点至多有两棵子树(不存在度大于 2 的结点)；二叉树的子树有左、右之分，且其次序不能任意颠倒，因此二叉树有 5 种基本形态，如图 6.5 所示。

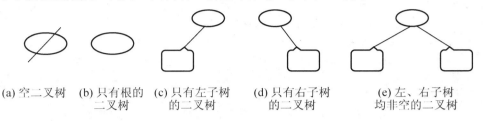

(a) 空二叉树　(b) 只有根的　(c) 只有左子树　(d) 只有右子树　　(e) 左、右子树
　　　　　　　二叉树　　　的二叉树　　　的二叉树　　　均非空的二叉树

图 6.5　二叉树的 5 种基本形态

6.4.2 二叉树的基本操作

(1) 初始化 InitTree(BT)：将二叉树 BT 初始化为一棵空树。

(2) 判断二叉树是否为空 TreeEmpty(BT) ：判断一棵树 BT 是否为空，若为空，返回真，否则返回假。

(3) 求根结点 Root(BT)：返回树 BT 的根结点。

(4) 求双亲结点 Parent(BT, x)：返回二叉树 BT 中 x 的双亲结点，如果 x 为根结点，则返回空。

(5) 求二叉树的高度 Depth(BT)：返回二叉树 BT 的高度(深度)。

(6) 求结点的左孩子 LChild(BT，x)：返回二叉树 BT 中结点 x 的左孩子结点，若结点 x 为叶子结点或不在二叉树 BT 中，则返回空。

(7) 求结点的右孩子 RChild(BT，x)：返回二叉树 BT 中结点 x 的右孩子结点，若结点 x 为叶子结点或 x 不在二叉树 BT 中，则返回空。

(8) 遍历二叉树 Traverse(BT)：从根结点开始，按照一定的次序访问二叉树 BT 中所有的结点。

6.4.3 二叉树的性质

二叉树具有下列 5 个重要性质：

(1) 在二叉树的第 i 层上至多有 2^{i-1} 个结点(i≥1)。

用归纳法可证明此性质。

证明：当 i=1 时，是二叉树的第一层，只有一个根结点，而 $2^{i-1}=2^0=1$，故命题成立。

假设对所有的 j(1≤j<i)命题成立，即第 j 层上至多有 2^{j-1} 个结点，那么可以证明 j=i 时命题也成立。

由归纳假设，第 i-1 层上至多有 2^{i-2} 个结点。由于二叉树的每个结点至多有两个孩子，故第 i 层上的结点数，至多是第 i-1 层上的最大结点数的 2 倍，即 j=i 时，该层上至多有 $2 \times 2^{i-2}$ 即 2^{i-1} 个结点，故命题成立。

(2) 深度(高度)为 k 的二叉树至多有 $2^k-1(k≥1)$ 个结点。

证明：深度为 k 的二叉树的最大结点数应为每一层最大结点数之和，根据性质 1，最大结点数为

$$2^0+2^1+\cdots+2^{k-1}=2^k-1$$

(3) 对任意一棵二叉树 BT，如果其叶子结点个数为 n_0，度为 2 的结点个数为 n_2，则 $n_0=n_2+1$。

证明：设二叉树中度为 1 的结点个数为 n_1，二叉树的结点总数为 n，因为二叉树中所有结点的度均小于或等于 2，所以二叉树中结点总数 $n=n_0+n_1+n_2$。另一方面，在二叉树中度为 1 的结点有 1 个孩子，度为 2 的结点有 2 个孩子，故二叉树中孩子结点的总数为 n_1+2n_2，而二叉树中只有根结点不是任何结点的孩子，故二叉树中的结点总数又可表示为 $n=n_1+2n_2+1$，即 $n=n_0+n_1+n_2=n_1+2n_2+1$，可得 $n_0=n_2+1$。

以上 3 个性质是一般二叉树都具有的，为研究二叉树的其他性质，下面介绍两种特殊形式的二叉树，即完全二叉树和满二叉树。

满二叉树指深度为 k 且有 2^k-1 个结点的二叉树，称为满二叉树，如图 6.6 所示。

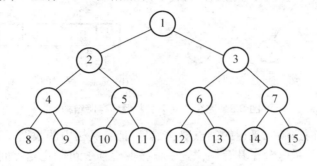

图 6.6　满二叉树示例图

特点：每一层上的结点数都是最大结点数。

深度为 k，有 n 个结点的二叉树，当且仅当其每一个结点都与深度为 k 的满二叉树中编号从 1 至 n 的结点一一对应时，称其为完全二叉树，三叉树的顺序存储结构如图 6.7 所示。

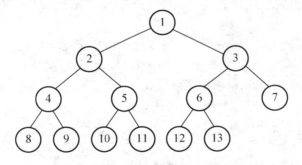

图 6.7　完全二叉树示例图

特点：叶子结点只可能在层次最大的两层上出现，对任一结点，若其右分支下子孙的最大层次为 L，则其左分支下子孙的最大层次必为 L 或 L+1。

注意：满二叉树必为完全二叉树，而完全二叉树不一定是满二叉树。

(4) 具有 n 个结点的完全二叉树的深度为：$\lfloor \log_2 n \rfloor+1$。

(5) 如果对一棵有 n 个结点的完全二叉树(其深度为 $\lfloor \log_2 n \rfloor+1$)的结点按层序编号，其中根结点为第一层，按层次从上到下，同层从左到右，则对任意编号为 $i(1 \leqslant i \leqslant n)$ 的结点有以下性质。

① 如果 i=1，则结点 i 是二叉树的根，无双亲；如果 i>1，则其双亲是 $\lfloor i/2 \rfloor$。

② 如果 2i>n，则结点 i 无左孩子，即该结点为叶子结点；如果 $2i \leqslant n$，则其左孩子是 2i。

③ 如果 2i+1＞n，则结点 i 无右孩子；如果 2i+1≤n，则其右孩子是 2i+1。

6.4.4　二叉树的顺序存储结构

用一组连续的存储单元存储二叉树的数据元素，可用一维数组实现，即将完全二叉树上编号为 i 的结点元素存储在一维数组下标为 i 的元素中，二叉树及其顺序存储结构如图 6.8 所示。

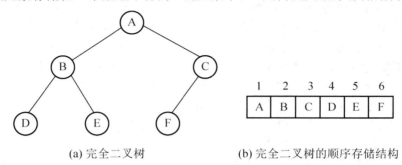

(a) 完全二叉树　　　　　　　　　(b) 完全二叉树的顺序存储结构

图 6.8　完全二叉树及其顺序存储结构

这种顺序存储结构按满二叉树的结点层次编号，把二叉树中的数据元素依次存放在一个一维数组中。结点间的关系蕴含在其存储位置中，按照性质 5 可确定结点间的关系，如下标为 i 的结点如果有双亲，则其双亲的下标为 i/2，如果有左孩子，则其左孩子的下标为 2i，如果有右孩子，则其右孩子的下标为 2i+1，三叉树的顺序存储结构如图 6.7 所示。

C

```
#define MaxSize 50
typedef struct SeqBT
{
    Char btree[MaxSize];        //二叉树中结点的数据域
    int length;                 //实际结点数
} SeqBT;
```

C#

```
public class SeqBT
{
    public static int MaxSize = 50;
    public int length;
    public char[] btree = new char[MaxSize];
}
```

Java

```
public class SeqBT
{
    public static int MaxSize = 50;
    int length;
    char[] btree = new char[MaxSize];
}
```

其中 MaxSize 为二叉树的最大结点数，SeqBT 为二叉树结点的类型。对完全二叉树来说，这种顺序存储结构简单，存储效率高，但对于一棵一般的二叉树，要通过结点的下标反映结点之间的逻辑关系，就必须按完全二叉树的形式来存储二叉树的结点，即将其每个结点与完全二叉树上的结点相对应。例如，图 6.9(a)所示的一棵一般二叉树，该二叉树只有 3 个结点，但要用顺序存储方式存储它，必须补成同样深度的含 5 个结点的完全二叉树，即添上一些并不存在的"虚结点"，使它成为图 6.9(b)所示的完全二叉树，其顺序存储结构如图 6.9(c)所示，浪费了两个存储空间。在极端情况下，对一棵深度为 k 的左单支树或右单支树，k 个结点需要 2^k-1 个存储空间，空间的浪费最严重。

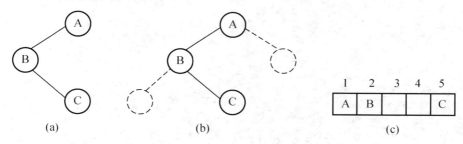

图 6.9　一般二叉树及其顺序存储结构

6.4.5　创建二叉树

建立二叉树的方法有很多种，这里介绍的方法的原理是二叉树的性质 5。对于一棵任意二叉树，先按满二叉树对结点进行编号，如图 6.10(a)所示，原始数据序列如图 6.10(b)所示。

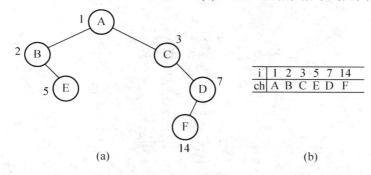

图 6.10　二叉树编号及对应数据表

按此表一一输入数据对(结点编号 i 和数据域 ch)。每输入一对数(i，ch)，便产生一个二叉树的新结点 s，同时将该节点保存进表示数的数组中。当 i=1 时，该结点为根结点；当 i>1 时，由性质 5 可知，其双亲结点的编号为 j=i/2。如果 i 为偶数，则它是双亲的左孩子；如果 i 为奇数，则为双亲的右孩子。

C

```
//创建二叉树 bt
#define MaxSize  30   //最大结点数
SeqBT bt;
void Creat_Bt()        //btree 表示二叉树中结点的数据域
{
    char ch;
    bt. length=0;
```

```c
        printf("最大结点数为 30,以编号 0 或字符#作为结束标记\n");
        printf("\n enter i,ch:");
        scanf("%d%c",&i,&ch);
        while(i!=0 && ch!='#')
        {
            bt. btree [i]=ch;
            bt. length++;
            printf("\n enter i,ch:");
            scanf("%d%c",&i,&ch);
        }
    }
```

C#

```csharp
    public static  void Creat_Bt()
    {
        SeqBT bt = new SeqBT();
        Console.WriteLine("最大结点数为 30,以编号 0 或字符#作为结束标记");
        Console.WriteLine("enter i,ch:");
        int i = int.Parse(Console.ReadLine());
        char ch = char.Parse(Console.ReadLine());
        while (i != 0 && ch != '#')
        {
            bt.btree[i] = ch;
            bt.length++;
            Console.WriteLine("enter i,ch:");
            i = int.Parse(Console.ReadLine());
            ch = char.Parse(Console.ReadLine());
        }
    }
```

Java

```java
    SeqBt bt = new SeqBt();
    void Creat_Bt()
    {
    Scanner input = new Scanner(System.in);
    System.out.println("最大结点数为 30,以编号 0 或字符#作为结束标记");
    System.out.println("enter i,ch:");
    int i = input.nextInt();
    char ch = input.nextLine().charAt(0);
    while(i!=0 && ch!='#')
    {
    bt. btree [i]=ch;
    bt. length++;
    System.out.println("enter i,ch:");
    i = input.nextInt();
    ch = input.nextLine().charAt(0);
    }
    }
```

6.5　二叉树的遍历

在二叉树的应用中，常需要在树中查找具有某种特征的结点，或者对树中全部结点进行处理，这就要求对二叉树进行遍历。所谓遍历二叉树(Traversing Binary Tree)，就是按一定的规律访问二叉树的结点，使得每个结点被访问一次，且仅被访问一次。"访问"的含义很广，在遍历过程中，每个结点的数据域可以读取、修改或进行其他操作，如输出结点的信息等。遍历问题对于线性结构来说很容易实现，但对于二叉树这种非线性结构来说，就不那么容易了，因为从二叉树的任意结点出发，既可以向左走，也可以向右走，所以，必须找到一种规律，以便使二叉树上的结点能排列在一个线性队列上，即得到二叉树各结点的线性排序，使非线性的二叉树线性化。

从二叉树的定义可知，二叉树是由 3 个基本单元组成：根结点、左子树和右子树。假如以 L、D、R 分别表示遍历左子树、访问根结点和遍历右子树，则可有 DLR、LDR、LRD、DRL、RDL、RLD 共 6 种遍历二叉树的方案。若限定先左后右，则二叉树遍历的常用方法有 3 种：DLR、LDR 和 LRD，分别称作先根次序(前序、先序)遍历、中根次序(中序)遍历和后根次序(后序)遍历。以下内容均以图 6.11 的二叉树为例进行展开。

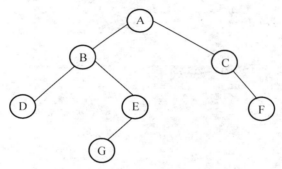

图 6.11　要遍历的二叉树

6.5.1　二叉树的递归遍历方法

1. 先根遍历

若二叉树为空，则返回；否则依次执行以下操作。

(1) 访问根结点。

(2) 先根遍历根结点的左子树。

(3) 先根遍历根结点的右子树。

(4) 返回。

先根遍历递归算法如下：

C

```
//先根遍历树
void PreOrder(char bt. btree [])
{
    int i=1;
    if (bt[i]!='#')
```

```
        {
            printf("%c",bt.->btree[i] );        //访问根结点
            PreOrder(bt. btree [2*i]);          //先根遍历左子树
            PreOrder(bt. btree [2*i+1]);        //先根遍历右子树
        }
}/* PreOrder */
```

C#

```
public static void preOrder(char[] bt,int i)
{
        if(i>SeqBT .MaxSize ) return;
        if(bt[i] != '#')
        {
            Console .WriteLine (bt[i]);
            preOrder(bt,2*i);
            preOrder(bt,2*i+1);
        }
}
```

Java

```
void preOrder(char[] bt,int i){
if(i>MaxSize) return;
if(bt[i] != '#')
{
    System.out.println(bt[i]);
    preOrder(bt,2*i);
    preOrder(bt,2*i+1);
    }
}
```

2. 中根遍历

若二叉树为空，则返回；否则依次执行以下操作。

(1) 中根遍历根结点的左子树。

(2) 访问根结点。

(3) 中根遍历根结点的右子树。

(4) 返回。

中根遍历递归算法描述如下：

C

```
//中根遍历树
void InOrder(char bt. btree [])
{
    int i=1;
    if (bt[i]!='#')
    {
        InOrder (bt.btree [2*i]);        //中根序遍历左子树
        printf("%c",bt.->btree[i] );     //访问根结点
        InOrder (bt.btree[2*i+1]);       //中根遍历右子树
    }
}/* InOrder */
```

C#

```
public static void inOrder(char[] bt,int i)
{
        if(i>SeqBT .MaxSize) return;
        if (bt[i]!='#')
        {
            inOrder(bt,2*i);
            Console .WriteLine ("%c",bt[i]);
            inOrder(bt, 2*i+1);
        }
}
```

Java

```
void inOrder(char[] bt,int i){
    if(i>MaxSize) return;
    if (bt[i]!='#')
        {
            inOrder(bt,2*i);
            System.out.println("%c",bt. btree [i]);
            inOrder(bt, 2*i+1);
        }
}
```

3. 后根遍历

若二叉树为空，则返回；否则依次执行以下操作。

(1) 后根遍历根结点的左子树。

(2) 后根遍历根结点右子树。

(3) 访问根结点。

(4) 返回。

后根遍历递归算法描述如下：

C

```
//后根遍历树
void PostOrder(char b. btree t[])
{
    int i=1;
    if (bt[i]!='#')
    {
        PostOrder(bt.btree [2*i]);          //后根序遍历左子树
        PostOrder(bt.btree [2*i+1]);        //后根遍历右子树
        printf("%c",bt.btree [i]);          //访问根结点


    }
}/* PostOrder */
```

C#

```
public static void postOrder(char[] bt, int i)
{
    if(i>SeqBT.MaxSize) return;
    if (bt[i]!='#')
    {
        postOrder(bt ,2*i);
        postOrder(bt ,2*i+1);
    Console.WriteLine (bt[i]);
    }
}
```

Java

```
void postOrder(char[] bt , int i)
{
    if(i>MaxSize)  return;
    if (bt[i]!='#')
    {
        postOrder(bt ,2*i);
        postOrder(bt ,2*i+1);
        System.out.println(bt[i]);
    }
}/* PostOrder */
```

　　3 种遍历算法的不同之处仅在于访问根结点和遍历左右子树的先后次序，若在算法中暂时抹去和递归无关的 printf 语句，则 3 种遍历算法基本上相同，这说明这 3 种遍历算法的搜索路线相同，从递归执行过程的角度来看 3 种遍历算法也是完全相同的，图 6.12 显示了图 6.11 所示的二叉树的 3 种遍历的搜索路线。

　　C 语言常用指针表示数据之间的逻辑关系，本书省略了指针的讲解，但在后边的习题中给出习题予以详细说明，请读者自行参考。

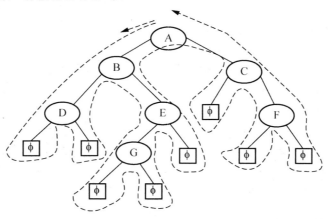

图 6.12　遍历二叉树的搜索路径

6.5.2　二叉树的非递归遍历方法

　　图 6.12 所示为图 6.11 的二叉树的 3 种遍历的搜索路线，其中向下表示更深一层的递归调用，向上表示从递归调用返回，线路从根结点出发，逆时针沿着二叉树外延，自上而下，自左而右搜索，最后在根节点结束。从图 6.12 可看出，加上对空子树的操作，恰好搜索路线经过每个结点 3 次，先根遍历为每个结点都是第一次经过的路线，中根遍历为每个结点都是第二次经过，而后根遍历是每个结点都是第三次经过的路线。因此，只要将搜索路线上所有第一次、第二次、第三次经过的结点分别列表，即可分别得到二叉树的先根、中根和后根遍历序列。

　　二叉树遍历的递归实现思路自然、简单，容易理解，但执行效率低。为了提高程序的执行效率，可以利用堆栈实现相应的非递归遍历方法。非递归遍历方法可根据递归算法的执行过程给出，以先根和中根遍历树算法为例，非递归算法如下：

C

```
//先根遍历非递归算法
PreOrder(char bt. btree [])
{
    char ch;                          //字符中间变量
    int i=1;                          //用 i 表示结点的逻辑关系,此结点为根
    int top=0;                        //用 top 表示堆栈的指针,指向栈顶
    InitStact(s);                     //初始化堆栈 s 为空
    printf("树的先根遍历序列为: ");
    while((i<=MaxSize)||! (top!=0))    //当树不为空或堆栈不为空时
    {
        if(i<=MaxSize)                //MaxSize 为存放数组的最大结点数,当树不为空时
        {
            printf("%c ", bt. btree [i]);    //访问根结点
            top=top+1;
            s[top]=bt. btree [i];     //根结点压入堆栈,前面必须补充堆栈的定义
            i=2*i;                    //遍历到左子树
        }
        else                          //此种情况为堆栈不为空的条件
        {
            ch=s[top];
            top=top-1;                //双亲结点出栈
            i=2*i+1;                  //遍历到右子树
        }
    }
}
//中根遍历非递归算法
InOrder(char bt. btree [])
{
    char ch;                          //字符中间变量
    int i=1;                          //用 i 表示结点的逻辑关系,此结点为根
    int top=0;                        //用 top 表示堆栈的指针,指向栈顶
    InitStact(s);                     // 初始化堆栈 s 为空
    printf("树的中根遍历序列为: ");
    while((i<=MaxSize)||! (top!=0))   //当树不为空或堆栈不为空时
    {
```

```
        if(i<=MaxSize)              //MaxSize 为存放数组的最大结点数,当树不为空时
        {
            top=top+1;
            s[top]=bt. btree [i];   //压入堆栈,前面必须补充堆栈的定义
            i=2*i;                  //遍历到左子树
        }
        else                        //此种情况为堆栈不为空的条件
        {
            ch=s[top];
            top=top-1;              //从堆栈弹出数据
            printf("%c ",ch);
            i=2*i+1;                //遍历到右子树
        }
    }
}
```

C#

```
//先根遍历非递归算法
    public static void preOrder(SeqBT bt)
    {
    char ch; // 字符中间变量
    int i = 1; // 用 i 表示结点的逻辑关系,此结点为根
    int top = 0; // 用 top 表示堆栈的指针,指向栈顶
    LinkedList<char> s = new LinkedList<char>(); //初始化堆栈 s 为空
    Console.WriteLine("树的先根遍历序列为: ");
    while((i <= SeqBT.MaxSize) || !(top != 0))    //当树不为空或堆栈不为空时
    {
        if (i <= SeqBT.MaxSize) // MaxSize 为存放数组的最大结点数,当树不为空时
        {
            Console.WriteLine(bt.btree[i]);       //访问根结点
            top = top+1;
            s.AddLast(bt.btree[i]); //根结点压入堆栈,前面必须补充堆栈的定义
            i = 2 * i;                //遍历到左子树
        }
        else // 此种情况为堆栈不为空的条件
        {
            s.RemoveLast();
            top = top - 1;            //双亲结点出栈
            i = 2 * i+1;              //遍历到右子树
        }
    }
}
//中根遍历非递归算法
public static void InOrder(SeqBT bt)
{
    char ch;                                    //字符中间变量
```

```
        int i = 1;            //用 i 表示结点的逻辑关系,此结点为根
        int top = 0;           //用 top 表示堆栈的指针,指向栈顶
        LinkedList<char> s = new LinkedList<char>();//初始化堆栈 s 为空
        Console.WriteLine("树的中根遍历序列为: ");
        while ((i <= SeqBT.MaxSize) || !(top != 0))      //当树不为空或堆栈不为空时
        {
            if (i <= SeqBT.MaxSize)  //MaxSize 为存放数组的最大结点数,当树不为空时
            {
                top = top+1;
                s.AddLast(bt.btree[i]); //压入堆栈,前面必须补充堆栈的定义
                i = 2 * i;               //遍历到左子树
            }
            else                      //此种情况为堆栈不为空的条件
            {
                s.RemoveLast()
                top = top - 1;        //从堆栈弹出数据
                Console.WriteLine(ch);
                i = 2 * i+1;          //遍历到右子树
            }
        }
    }
```

Java

```
//先根遍历非递归算法
void preOrder(SeqBT bt)
{
        char ch;        //字符中间变量
        int i = 1;     //用 i 表示结点的逻辑关系,此结点为根
        int top = 0;  //用 top 表示堆栈的指针,指向栈顶
        LinkedList<Character> s = new LinkedList<Character>();//初始化堆栈 s 为空
        System.out.println("树的先根遍历序列为: ");
        while ((i <= MaxSize) || !(top != 0)) //当树不为空或堆栈不为空时
        {
            if (i <= MaxSize) //Maxsize 为存放数组的最大结点数,当树不为空时
            {
                System.out.println(bt.btree[i]); //访问根结点
                top = top+1;
                s.add(bt.btree[i]); //根结点压入堆栈,前面必须补充堆栈的定义
                i = 2 * i;               //遍历到左子树
            } else //此种情况为堆栈不为空的条件
            {
                ch = s.get(top);
                top = top - 1;        //双亲结点出栈
                i = 2 * i+1;          //遍历到右子树
            }
        }
    }
```

```
        }
    //中根遍历非递归算法
    void InOrder(SeqBT bt)
    {
        char ch;                  //字符中间变量
        int i=1;                  //用 i 表示结点的逻辑关系,此结点为根
        int top=0;                //用 top 表示堆栈的指针,指向栈顶
        LinkedList<Character> s=newLinkedList<Character>();//初始化堆栈 s 为空
        System.out.println("树的中根遍历序列为: ");
        while((i<=MaxSize)||! (top!=0))  //当树不为空或堆栈不为空时
        {
            if(i<=MaxSize)   //MaxSize 为存放数组的最大结点数,当树不为空时
            {
                top=top+1;
                s.add(bt.btree[i]);  //压入堆栈,前面必须补充堆栈的定义
                i=2*i;               //遍历到左子树
            }
            else                     //此种情况为堆栈不为空的条件
            {
            ch = s.get(top);
                top=top-1;           //从堆栈弹出数据
                System.out.println(ch);
                i=2*i+1;             //遍历到右子树
            }
        }
    }
```

课后习题中用 C#和 Java 编写了相应的创建树、非递归先根遍历算法、递归中根和后根遍历算法,请读者自行查阅。

二叉树遍历算法中的基本操作是访问根结点,不论按哪种次序遍历,都要访问所有的结点,对含 n 个结点的二叉树,其时间复杂度均为 O(n)。所需辅助空间为遍历过程中所需的栈空间,最多等于二叉树的深度 k 乘以每个结点所需空间数,最坏情况下树的深度为结点的个数 n,因此,其空间复杂度也为 O(n)。

6.5.3   遍历序列与二叉树的结构

对一棵二叉树进行遍历得到的遍历序列是唯一的,但仅由一个二叉树的遍历序列(先根、中根或后根)是不能决定一棵二叉树的。如图 6.13(a)和图 6.13(b)所示的是两棵不同的二叉树,它们的先序遍历序列是相同的,都是 ABDECFG。

可以证明,如果同时知道一棵二叉树的先根序列和中根序列,或者同时知道一棵二叉树的中根序列和后根序列,就能唯一地确定这棵二叉树。例如知道一棵二叉树的先根序列和中根序列,如何构造二叉树呢?由定义可知,二叉树的先根遍历是先访问根结点 D,然后遍历根的左子树 L,最后遍历根的右子树 R。因此在先根序列中的第一个结点必是根结点 D;另一方面,中根遍历是先遍历根的左子树 L,然后访问根结点 D,最后遍历根的右子树 R,于是根结点 D 把中根序列分成两部分:在 D 之前的是由左子树中的结点构成的中根序列,在 D 之后的是由右子树中的结点构成的中根序列。反过来,根据左子树的中根序列的结点个数,又可将先根序列除根以外的结点分成左子树的先根序列和右子树的先根序列。依次类推,即可递归得到整棵二叉树。

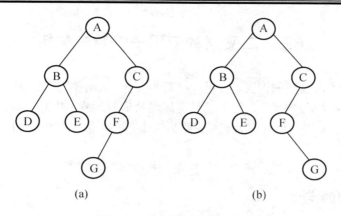

图 6.13　两棵不同的二叉树

　　例如已知一棵二叉树的先根序列为 ABDGCEF，中根序列为 DGBAECF，构造其对应的二叉树。首先由先根序列得知二叉树的根为 A ，则其左子树的中根序列必为 DGB，右子树的中根序列为 ECF。反过来得知其左子树的先根序列必为 BDG，右子树的先根序列为 CEF。类似地分解下去，过程如图 6.14 所示，最终就可得到整棵二叉树，如图 6.15 所示。

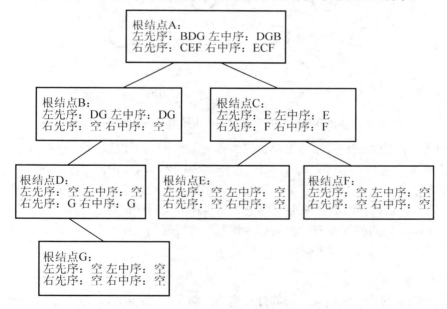

图 6.14　由先根序列和中根序列构造二叉树的过程

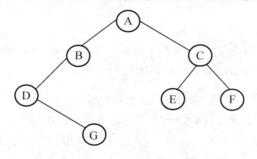

图 6.15　由先根序列和中根序列构造的二叉树

6.6 二叉树的应用——哈夫曼树

话说周瑜打开了诸葛亮的锦囊，看见一些符号代码，却不得要领，只好偷偷再把锦囊放回去，知道这是为何吗？原来诸葛先生早已料定周瑜会偷看锦囊，想好了妙招，用一些符号代替文字，这些符号的含义也早已让赵云记熟，诸葛先生其实无形中是最早利用二叉树的原理来编码成事的英雄了。

哈夫曼树又称最优二叉树，是一类带权路径长度最短的二叉树，有着广泛的应用。

6.6.1 哈夫曼树的定义

由于二叉树有 5 种基本形态，如图 6.5 所示，所以当给定若干元素后，可构造出不同深度、不同形态的多种二叉树。如给定元素 A、B、C、D、E，可以构造出如图 6.16 所示的两棵二叉树。

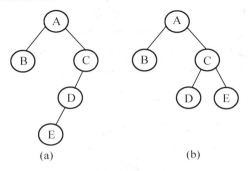

图 6.16 给定元素可组成不同形态的二叉树

在这两棵不同的二叉树中，如果要访问结点 E，所进行的比较次数是不同的。在图 6.16(a) 中，需要比较 4 次才能找到 E，而图 6.16(b) 中仅需比较 3 次。由此可见，对树中任意元素的访问时间取决于该结点在树中的位置。在实际应用中，有些元素经常被访问，而有些偶尔才被访问一次，所以，相关算法的效率不仅取决于元素在二叉树中的位置，还与元素的访问频率有关。若能使访问频率高的元素有较少的比较次数，则可提高算法的效率，这正是哈夫曼树要解决的问题。下面给出几个基本概念。

1. 路径

树中一个结点到另一个结点之间的分支构成这两个结点的路径。并不是树中所有结点之间都有路径，如兄弟结点之间就没有路径，但从根结点到任意一个结点之间都有一条路径。

2. 路径长度

路径上的分支数目称为两结点之间的路径长度。在图 6.16(a) 中，结点 C、E 之间的路径长度为 2，而在图 6.16(b) 中，结点 C、E 之间的路径长度为 1。

3. 树的路径长度

从根结点到树中每一结点的路径长度之和。在图 6.16(a) 中，树的路径长度为 7，而在图 6.16(b) 中，树的路径长度为 6。显然，在结点数目相同的二叉树中，完全二叉树的路径长度最短。

4. 结点的权

给树中结点赋予一个有某种意义的数，称为该结点的权。

5. 结点的带权路径长度

从该结点到树根之间的路径长度与结点上权的乘积。

6. 树的带权路径长度

树中所有叶子结点的带权路径长度之和，通常记为：

$$WPL = \sum_{i=1}^{n} w_i\, l_i \tag{6-1}$$

其中，n 表示叶子结点的数目，w_i 和 l_i 分别表示叶子结点 i 的权植和根到叶子结点 i 之间的路径长度。

7. 哈夫曼树(最优二叉树)

在权为 w_1，w_2，$\cdots$，w_n 的 n 个叶子结点的所有二叉树中，带权路径长度 WPL 最小的二叉树称为最优二叉树或哈夫曼树。

例如，给定 4 个叶子结点 a、b、c 和 d，分别带权 7、5、2 和 3。可以构造出不同的二叉树，图 6.17 的是其中的 3 棵，它们的带权路径长度分别为：

(a) WPL=7*2+5*2+2*2+3*2=34

(b) WPL=7*3+5*3+2*1+3*2=44

(c) WPL=7*1+5*2+2*3+3*3=32

其中图 6.17(c)所示的二叉树的 WPL 最小，其实它就是哈夫曼树。

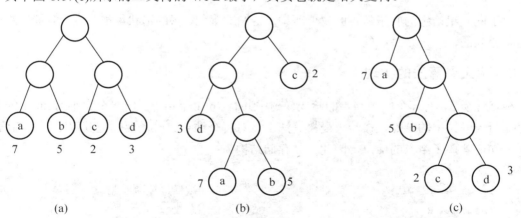

图 6.17　具有不同带权路径长度的二叉树

6.6.2　哈夫曼树的构造

根据给定的 n 个权值{w_1，w_2，$\cdots$，w_n}构造哈夫曼树的过程如下。

(1) 根据给定的 n 个权值{w_1，w_2，$\cdots$，w_n}构造 n 棵二叉树的森林 F={BT_1，BT_2，$\cdots$，BT_n}，其中每棵二叉树 BT_i 中都只有一个权值为 w_i 的根结点，其左右子树均为空。

(2) 在森林 F 中选出两棵根结点的权值最小的二叉树(当这样的二叉树不止两棵时，可以从中任选两棵)，将这两棵二叉树合并成一棵新的二叉树，此时，需要增加一个新结点作为新二叉树的根，并将所选的两棵二叉树的根分别作为新二叉树的左右孩子(谁左，谁右无关紧要)，将左右孩子的权值之和作为新二叉树根的权值。

(3) 在集合 F 中删除作为左、右子树的两棵二叉树，并将新建立的二叉树加入到集合 F 中。

(4) 对新的森林 F 重复步骤(2)、(3)，直到森林 F 中只剩下一棵二叉树为止。这棵二叉树便是所求的哈夫曼树。

图 6.18 给出了前面提到的叶子结点权值集合为 W＝{7，5，2，3}的哈夫曼树的构造过程。

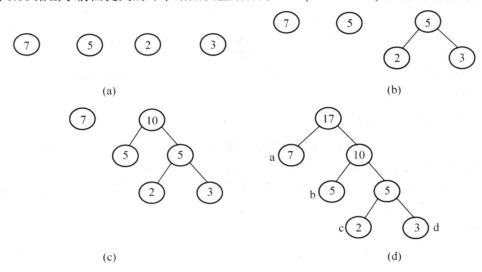

图 6.18　哈夫曼树的构造过程

对于同一组给定的叶子结点的权值所构造的哈夫曼树，树的形状可能不同，但带权路径长度值是相同的，一定是最小的。

6.6.3　哈夫曼算法的实现

根据性质 3，有 n 个叶子结点的哈夫曼树中共有 2n-1 个结点。用一个大小为 2n-1 的数组来存储哈夫曼树中的结点，在哈夫曼树算法中，对每个结点，既需要知道其双亲结点的信息，又需要知道其孩子结点的信息，因此，其存储结构为：

C

```
#define  n  7                        /*叶子数目,根据实际情况定义值*/
#define  m  2*n-1                     /*结点总数*/
typedef struct
{
    int  weight;                     /*结点的权值*/
    int  lchild,rchild,parent;       /*左、右孩子及双亲的下标*/
}HTNode;、
typedef  HTNode  HuffmanTree[m+1];
/*HuffmanTree 是结构数组类型,其 0 号单元不用*/
HuffmanTree  ht;
```

C#

```
public class HTNode
{
    public int weight;
    public int lchild, rchild, parent;
}
```

Java

```
public class HTNode
{
    int weight;
    int lchild,rchild,parent;
}
```

根据 6.6.2 节中哈夫曼树的构造可得到哈夫曼树的算法思想如下。

(1) 初始化。将 ht[1，…，m]中每个结点的 lchild、rchild、parent 域全置为零。

(2) 输入。读入 n 个叶子结点的权值存放于 ht 数组的前 n 个位置的 weight 域中，它们是初始森林中 n 个孤立的根结点的权值。

(3) 合并。对初始森林中的 n 棵二叉树进行 n-1 次合并，每合并一次产生一个新结点，所产生的新结点依次存放到数组 ht 的第 i(n<i≤m)个位置。每次合并分以下两步。

① 在当前森林 ht[1，…，i-1]的所有结点中，选择权值最小的两个根结点 ht[p1]和 ht[p2]进行合并，1≤p1，p2≤i-1；

② 将根为 ht[p1]和 ht[p2]的两棵二叉树作为左右子树合并为一棵新的二叉树，新二叉树的根存放在 ht[i]中，因此，将 ht[p1]和 ht[p2]的双亲域置为 i，并且新二叉树根结点的权值应为其左右子树权值的和，即 ht[i].weight= ht[p1].weight+ht[p2].weight，新二叉树根结点的左、右孩子分别为 p1 和 p2，即 ht[i].lchild=p1，ht[i].rchild=p2。

由于合并后，ht[p1]和 ht[p2]的双亲域值为 i，不再是 0，这说明它们已不再是根，在下一次合并时不会被选中。

Huffman 算法描述如下：

C

```
void CreateHuffmanTree(HuffmanTree  ht)
{
        /*构造 Huffman 树,ht[m]为其根结点*/
    int  i,p1,p2;
    InitHuffmanTree(ht);        /*将 ht 初始化*/
    InputWeight(ht);            /*输入叶子权值至 ht[1,…,n]的 weight 域*/
    for(i=n+1;i<=m;i++)
        /*共进行 n-1 次合并,新结点依次存于 ht[i]中*/
        {
        SelectMin(ht ,i-1,&p1,&p2);
        /*在 ht[1,…,i-1]中选择两个权最小的根结点,其序号分别为 p1 和 p2*/
        ht[p1].parent=ht[p2].parent=i;
        ht[i].lchild=p1;        /*最小权值的根结点是新结点的左孩子*/
        ht[i].rchild=p2;        /*次小权值的根结点是新结点的右孩子*/
        ht[i].weight=ht[p1].weight+ht[p2].weight;
```

```
            }/*for*/
    }/* CreateHuffmanTree */
```

C#

```
    HTNode[] ht= new HTNode[m+1];
    public static void greateHuffmanTree(HTNode[] ht)
    {
        /*构造 Huffman 树,ht[m]为其根结点*/
        int i, p1, p2;
        initHuffmanTree(ht);          /*将 ht 初始化*/
        inputWeight(ht);              /*输入叶子权值至 ht[1,…,n]的 weight 域*/
        for (i = n+1; i <= m; i++)/*共进行 n-1 次合并,新结点依次存于 ht[i]中*/
        {
            SelectMin(ht, i - 1, p1, p2);
            /*在 ht[1,…,i-1]中选择两个权最小的根结点,其序号分别为 p1 和 p2*/
            ht[p1].parent = ht[p2].parent = i;
            ht[i].lchild = p1;        /*最小权值的根结点是新结点的左孩子*/
            ht[i].rchild = p2;        /*次小权值的根结点是新结点的右孩子*/
            ht[i].weight = ht[p1].weight+ht[p2].weight;
        }
    }
```

Java

```
    HTNode[] ht= new HTNode[m+1];
    void greateHuffmanTree(HTNode[]  ht)
    {
        /*构造 Huffman 树,ht[m]为其根结点*/
        int  i,p1,p2;
        initHuffmanTree(ht);          /*将 ht 初始化*/
        inputWeight(ht);              /*输入叶子权值至 ht[1,…,n]的 weight 域*/
        for(i=n+1;i<=m;i++)
            /*共进行 n-1 次合并,新结点依次存于 ht[i]中*/
        {
            SelectMin(ht ,i-1,p1,p2);
            /*在 ht[1,…,i-1]中选择两个权最小的根结点,其序号分别为 p1 和 p2*/
            ht[p1].parent=ht[p2].parent=i;
            ht[i].lchild=p1;        /*最小权值的根结点是新结点的左孩子*/
            ht[i].rchild=p2;        /*次小权值的根结点是新结点的右孩子*/
            ht[i].weight=ht[p1].weight+ht[p2].weight;
        }
    }
```

上述算法中的函数 InitHuffmanTree(ht)是将 ht 初始化;函数 InputWeight(ht)的作用是输入叶子权值至 ht[1, …, n]的 weight 域中, 函数 SelectMin(ht, i-1, &p1, &p2)是在 ht[1, …, i-1] 中选择两个权值最小的根结点,其序号分别为 p1 和 p2,具体实现参看下面哈夫曼树的应用章节。

对于图 6.17 所示的构造哈夫曼树的过程的结果见表 6-1 与表 6-2。

表 6-1 哈夫曼树初态

	weight	parent	lchild	rchild	
1	7	0	0	0	
2	5	0	0	0	n 个叶子结点
3	2	0	0	0	
4	3	0	0	0	
5	0	0	0	0	
6	0	0	0	0	n-1 个非叶子结点
7	0	0	0	0	

表 6-2 哈夫曼树终态

	weight	parent	lchild	rchild	
1	7	7	0	0	
2	5	6	0	0	n 个叶子结点
3	2	5	0	0	
4	3	5	0	0	
5	2	6	3	4	
6	10	7	2	5	n-1 个非叶子结点
7	17	0	1	6	

6.6.4 哈夫曼树的应用

哈夫曼树的应用很广泛，本章开始所说的三国小故事，诸葛先生就用了哈夫曼树的原理来进行编码。本节就来讨论哈夫曼树在信息编码中的应用，即哈夫曼编码。

常用的编码方式有两种：等长编码和不等长编码。等长编码比较简单，每一个字符的编码长度相同，易于在接收端还原字符序列，但是在实际应用中，字符集中的字符使用的频率是不相同的，例如，英文中 i 和 t 的使用就比 q 和 z 要频繁得多。如果都采用相同长度的编码，得到的编码总长度就比较长，会降低传输效率。

要使得编码的总长度缩短，应采用另一种常用的编码方法，即不等长编码。在这种编码方式中，根据字符的使用频率采用不等长的编码，使用频率高的字符的编码尽可能短，使用频率低的字符的编码则可以稍长，从而使编码的总长缩短。但采用这种不等长编码可能使译码产生多义性的电文。例如，假设用 00 表示 A，用 01 表示 B，用 0001 表示 K，当接收到信息串 0001 时，无法确定编码是表示 AB 还是 K。产生这个问题的原因是 A 的编码与 K 的编码开始部分(前缀)相同。因此，利用不等长编码不产生二义性的前提条件是，任意字符的编码都不是其他字符的编码的前缀。

假设要编码的字符集合 $D=\{d_1,\cdots,d_n\}$ 包含 n 个字符，每个字符 d_i 出现的频率为 w_i，d_i 对应的编码长度是 l_i，则电文总长为 $\sum_{i=1}^{n} w_i l_i$。因此使电文总长最短就是使 $\sum_{i=1}^{n} w_i l_i$ 取最小值。对应到二叉树上，可将 w_i 作为二叉树叶子结点的权值，l_i 为从根到叶子结点的路径长度。则 $\sum_{i=1}^{n} w_i l_i$ 恰好为二叉树的带权路径长度。构造一棵具有 n 个叶子结点的哈夫曼树，然后对叶子结点进行编码，便可满足以上编码总长度最短的要求。

哈夫曼树构造好后，对其叶子结点进行编码，有如下约定：所有左分支表示字符"0"，右分支表示字符"1"，从根结点到叶子结点的路径上分支字符组成的字符串称为该叶子结点的编码。

 应用案例 1

要传输的字符集 D={C,A,S,T,;}，字符出现频率 w={2,4,2,3,3}，构造哈夫曼树和哈夫曼编码如图 6.19 所示。

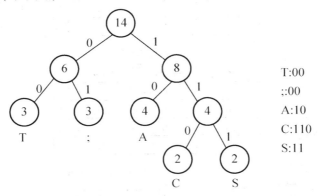

图 6.19　哈夫曼树及编码

 应用案例 2

假设有一个电文字符集 D={a,b,c,d,e, f, g, h}，每个字符的使用频率分别为{0.05，0.29，0.07，0.08，0.14，0.23，0.03，0.11}。设计其哈夫曼编码。

为方便计算，可以将所有字符的频率乘以 100，使其转换成整型数值集合，得到{5,29,7,8,14,23,3,11}，以此集合中的数值作为叶子结点的权值构造一棵哈夫曼树，如图 6.20 所示。

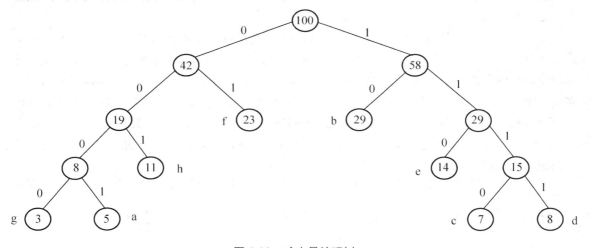

图 6.20　哈夫曼编码树

得到字符集 D 中字符的哈夫曼编码为：a:0001；b:10；c:1110；d:1111；e:110；f:01；g:0000；h:001。

本 章 小 结

本章首先简要介绍了树型结构的概念和特点，然后介绍树的存储结构，二叉树是树型结构中一种最典型、最常用的结构，所以二叉树是本章介绍的重点，接下来针对二叉树介绍了它的定义、3 种遍历方式和哈夫曼树的特点及其应用。

本 章 实 训

实训：使用最短的编码长度表示字串

实训目的

根据给定字符的使用频率，为其设计哈夫曼编码。

实训环境

(1) 硬件：普通计算机。

(2) 软件：　Windows 系统平台；VC++6.0/Eclipse/Visio Studio

实训内容

(1) 输入 n 个字符和字符的使用频率，输出 n 个字符的哈夫曼编码。

(2) 所用到的存储结构为：

```
#define  n  8                        /*叶子数目*/
#define  m  2*n-1                     /*结点总数*/
typedef struct
{
    int  weight;                      /*结点的权值*/
    int lchild,rchild,parent;         /*左、右孩子及双亲的下标*/
}HTNode;
typedef HTNode  HumffmanTree[m+1];
/*HuffmanTree 是结构数组类型,其 0 号单元不用*/
HumffmanTree ht;
```

把编码存储在一个数组 code 中，哈夫曼树中每个叶子结点的哈夫曼编码长度不同，由于字符集的大小为 n，因此编码的长度不会超过 n，数组 code 的大小可设为 n+1(下标为 0 的单元不用)。编码的存储结构为：

C
```
typedef struct
{
char ch;                                  /*存储字符 */
    char code[n+1];                       /*存放编码位串*/
}CodeNode;
typedef  CodeNode  HuffmanCode[n+1];
/* HuffmanCode 是结构数组类型,其 0 号单元不用,存哈夫曼编码*/
```

(3) 算法思想

按以下 3 步求哈夫曼树。

① 初始化。将 ht[1，…，m]中每个结点的 lchild、rchild、parent 域全置为零。

② 输入。读入 n 个叶子结点的权值存放于 ht 数组的前 n 个位置中，它们是初始森林中 n 个孤立的根结点的权值。

③ 合并。对初始森林中的 n 棵二叉树进行 n-1 次合并，每合并一次产生一个新结点，所产生的新结点依次存放到数组 ht 的第 i(n<i≤m)个位置。每次合并分以下两步。

a. 在当前森林 ht[1，…，i-1]的所有结点中，选择权值最小的两个根结点 ht[p1]和 ht[p2](p1 为权值最小的根结点的序号，p2 为权值次小的根结点的序号)进行合并，1≤p1，p2≤i-1；

b. 将根为 ht[p1]和 ht[p2]的两棵二叉树作为左右子树合并为一棵新的二叉树，新二叉树的根存放在 ht[i]中。因此，将 ht[p1]和 ht[p2]的双亲域置为 i，并且新二叉树根结点的权值应为其左右子树权值的和，即 ht[i].weight= ht[p1].weight+ht[p2].weight，新二叉树根结点的左、右孩子分别为 p1、p2，即 ht[i].lchild=p1，ht[i].rchild=p2(权值小的作为左孩子)。

求得哈夫曼树后，再按下述方法求哈夫曼编码。依次以叶子 ht[i](1≤i≤n)为出发点，向上回溯至根为止。用临时数组 cd 存放求得的哈夫曼编码，用变量 start 指示每个叶子结点的编码在数组 cd 中的起始位置，实际的编码从 cd[start]到 cd[n]。对于当前叶子结点 ht[i]，将 start 置初值 n，找其双亲结点 ht[f]，若当前结点是双亲结点的左孩子结点，则 cd 数组的相应位置置 0；若当前结点是双亲结点的右孩子结点，则 cd 数组的相应位置置 1。然后 start 减 1。再对双亲结点进行同样的操作，直到根结点为止，再让 start 的值加 1，指向编码的开始位置。实际的编码从 cd[start]到 cd[n]。最后把编码复制到数组 hcd[i]的 code 域中。

(4) 算法的模块划分。

一共设计以下 5 个模块。

① 初始化哈夫曼树函数 InitHuffmanTree()。

② 输入权值函数 InputWeight()。

③ 选择两个权值最小的根结点函数 SelectMin()。

④ 构造哈夫曼树函数 CreateHuffmanTree()。

⑤ 求哈夫曼编码函数 Huffmancode()。

(5) 源程序表示如下。

C

```c
#include <stdio.h>
#include <stdlib.h>
#include <string.h>
                                /*Huffman 树的存储结构*/
#define n 8                     /*叶子数目根据需要设定 */
#define m 2*n-1                 /*Huffman 树中结点总数 */
typedef struct
{
    int weight;                 /*结点的权值*/
    int lchild,rchild,parent;   /*左、右孩子及双亲的下标*/
}HTNode;
typedef HTNode HuffmanTree [m+1];
```

```
/* HuffmanTree 是结构数组类型,其 0 号单元不用,存储哈夫曼树*/
typedef struct
{
    char ch;                        /*存储字符 */
    char code[n+1];                 /*存放编码位串 */
}CodeNode;
typedef CodeNode HuffmanCode[n+1];
/* HuffmanCode 是结构数组类型,其 0 号单元不用,存储哈夫曼编码*/

void  InitHuffmanTree(HuffmanTree  ht)
{
    int i;
    for (i=0;i<=m;i++)
    {
        ht[i].weight=0;
        ht[i].lchild=ht[i].rchild=ht[i].parent=0;
    }
}/* InitHuffmanTree */
void InputWeight(HuffmanTree  ht)   /*输入权值函数*/
{
    int i;
    for (i=1;i<=n;i++)
    {   printf("请输入第%d 个权值: ",i);
        scanf("%d",&ht[i].weight);
    }
}/* InputWeight */
    int p1,p2;  /*在 ht[1,…,i]中选择两个权最小的根结点,其序号为 p1 和 p2, p1 中放
权值最小的根结点的序号,p2 中放权值次小的根结点的序号*/

void SelectMin(HuffmanTree ht, int i)
{
    int j, min1, min2;          /*min1、min2 分别是最小权值和次小权值*/
    min1=min2=32767;            /*初始值设置为最大数*/
    p1=p2=0;
    for(j=1;j<=i;j++)
    {
        if(ht[j].parent==0) /*j 为根结点*/
        if(ht[j].weight<min1||min1==32767)
           {
                if(min1!=32767)
                {
                    min2=min1;
                    p2=p1;
                }
```

```
                    min1=ht[j].weight;
                    p1=j;
            }
            else
            if(ht[j].weight<min2||min2==32767)
            {
                min2=ht[j].weight;
                *p2=j;
            }
    } /*for*/
}/* SelectMin */


void CreateHuffmanTree(HuffmanTree ht)
{   /*构造 Huffman 树,ht[m]为其根结点*/
int i, p1, p2;
InitHuffmanTree(ht);        /*将 ht 初始化*/
InputWeight(ht);            /*输入叶子权值至 ht[1,…,n]的 weight 域中*/
for(i=n+1;i<=m;i++)
/*共进行 n-1 次合并,新结点依次存于 ht[i]中*/
{
    SelectMin(ht,i-1,&p1,&p2);
    /*在 ht[1,…,i-1]中选择两个权值最小的根结点,其序号分别为 p1 和 p2*/
    ht[p1].parent=ht[p2].parent=i;
    ht[i].lchild=p1;        /*最小权值的根结点是新结点的左孩子*/
    ht[i].rchild=p2;        /*次小权值的根结点是新结点的右孩子*/
    ht[i].weight=ht[p1].weight+ht[p2].weight;
}
}/* CreateHuffmanTree */

    void Huffmancode(HuffmanTree  ht, HuffmanCode  hcd)
{
    /*根据 Huffman 树 ht 求 Huffman 编码*/
    int c, p, i;        /* c 和 p 分别指示 ht 中孩子和双亲的位置*/
    char cd[n+1];       /*临时存放编码*/
    int start;              /*指示编码在 cd 中的起始位置*/
    cd[n]='\0';             /*编码结束符*/
    printf("请输入字符");
    for(i=1;i<=n;i++)       /*依次求叶子 ht[i]的编码*/
    {
            hcd[i].ch=getch ();         /*读入叶子 ht[i]对应的字符*/
            start=n;                    /*编码起始位置的初值*/
            c=i;                        /*从叶子 ht[i]开始上溯*/
            while((p=ht[c].parent)!=0)/*直至上溯到 ht[c]是树根为止*/
            {
```

```c
                    /*若 ht[c]是 ht[p]的左孩子,则生成代码 0;否则生成代码 1*/
                    cd[--start]=(ht[p].lchild==c)?'0':'1';
                    c=p;             /*继续上溯*/
                }/*while*/
                strcpy(hcd[i].code,&cd[start]);/*复制编码位串*/
        }/*for*/
    printf("\n");
    for(i=1;i<=n;i++)
        printf("第%d 个字符%c 的编码为%s\n",i,hcd[i].ch,hcd[i].code);
}/* Huffmancode */


void main()
{ HuffmanTree  t;
    HuffmanCode  h;
    printf("\n 请输入%d 个权值\n",n);
    CreateHuffmanTree(t);        /*构造 Huffman 树*/
    Huffmancode(t,h);            /*构造 Huffman 编码*/
}
```

C#

```csharp
public class Test
    {
        public static int N = 8;
        public static int M = 2 * N - 1;
        //Scanner input = new Scanner(System.in);

        public static void Main(String[] args)
        {
            CodeNode[] t = new CodeNode[M+1];
            HTNode[] h = new HTNode[M+1];
            Test test = new Test();
            Console.WriteLine("\n 请输入"+N+"个权值\n");
            test.createHuffmanTree(h);        /*构造 Huffman 树*/
            test.huffmancode(h, t);           /*构造 Huffman 编码*/

        }

        class HTNode
        {
            public int weight;                   /* 结点的权值 */
            public int lchild, rchild, parent;   /* 左、右孩子及双亲的下标 */
        }

        class CodeNode
        {
```

```
        public char ch;                              /* 存储字符 */
        public char[] code = new char[N+1];      /* 存放编码位串 */
    }

    void initHuffmanTree(HTNode[] ht)
    {
        int i;
        for (i = 0; i <= M; i++)
        {
            ht[i] = new HTNode();
            ht[i].weight = 0;
            ht[i].lchild = ht[i].rchild = ht[i].parent = 0;
        }
    }/* InitHuffmanTree */

    void inputWeight(HTNode[] ht)                 /* 输入权值函数 */
    {
        int i;
        for (i = 1; i <= N; i++)
        {
            Console.WriteLine("请输入第"+i+"个权值:");
            ht[i].weight = int.Parse(Console.ReadLine());
        }
    }/* InputWeight */

    /*
     * 在 ht[1,…,i]中选择两个权最小的根结点,其序号为 p1 和 p2, p1 中放权值最小的
根结点的序号,p2 中放权值次小的根结点的序号
     */
    int p1, p2;
    private void selectMin(HTNode[] ht, int i)
    {
        int j, min1、min2;            /* min1、min2 分别是最小权值和次小权值 */
        min1 = min2 = 32767;          /* 初始值设置为最大数 */
        p1 = p2 = 0;
        for (j = 1; j <= i; j++)
        {
            if (ht[j].parent == 0) /* j 为根结点 */
                if (ht[j].weight < min1 || min1 == 32767)
                {
                    if (min1 != 32767)
                    {
                        min2 = min1;
                        p2 = p1;
```

```
            }
            min1 = ht[j].weight;
            p1 = j;
        }
        else if (ht[j].weight < min2 || min2 == 32767)
        {
            min2 = ht[j].weight;
            p2 = j;
        }
    } /* for */
}/* SelectMin */

void createHuffmanTree(HTNode[] ht)
{ /* 构造 Huffman 树,ht[m]为其根结点 */
    int i = 0;
    initHuffmanTree(ht);    /* 将 ht 初始化 */
    inputWeight(ht);        /* 输入叶子权值至 ht[1,…,n]的 weight 域中*/
    for (i = N+1; i <= M; i++)
    /* 共进行 n-1 次合并,新结点依次存于 ht[i]中 */
    {
        selectMin(ht, i - 1);
        /* 在 ht[1,…,i-1]中选择两个权值最小的根结点,其序号分别为 p1 和 p2 */
        ht[p1].parent = ht[p2].parent = i;
        ht[i].lchild = p1; /* 最小权值的根结点是新结点的左孩子 */
        ht[i].rchild = p2; /* 次小权值的根结点是新结点的右孩子 */
        ht[i].weight = ht[p1].weight+ht[p2].weight;
    }
}/* CreateHuffmanTree */

void huffmancode(HTNode[] ht, CodeNode[] hcd)
{ /* 根据 Huffman 树 ht 求 Huffman 编码 */
    int c, p, i;    /* c 和 p 分别指示 ht 中孩子和双亲的位置 */
    char[] cd = new char[N+1]; /* 临时存放编码 */
    int start;      /* 指示编码在 cd 中的起始位置 */
    cd[N] = '\0'; /* 编码结束符 */
    Console.WriteLine();

    for (i = 1; i <= N; i++)    /* 依次求叶子 ht[i]的编码 */
    {
        cd = new char[N+1];
        hcd[i] = new CodeNode();
        Console.WriteLine("请输入字符");
        hcd[i].ch =(char) Console .Read(); /* 读入叶子 ht[i]对应的字符 */
        start = N; /* 编码起始位置的初值 */
```

```
                    c = i;  /* 从叶子 ht[i]开始上溯 */
                    while ((p = ht[c].parent) != 0)/* 直至上溯到 ht[c]是树根为止 */
                    {
                        /* 若 ht[c]是 ht[p]的左孩子,则生成代码 0;否则生成代码 1 */
                        cd[--start] = (ht[p].lchild == c) ? '0' : '1';
                        c = p;  /* 继续上溯 */
                    }/* while */

                    hcd[i].code =cd;/*复制编码位串*/

                }/* for */

                Console.WriteLine("");
                for (i = 1; i <= N; i++)
                    Console.WriteLine("第"+i+"个字符"+hcd[i].ch+"的编码为 "+new
String(hcd[i].code));
            }/* Huffmancode */
        }
```

Java

```
    package lan.test;
    import java.util.Scanner;

    public class Test {
        public static int N = 8;
        public static int M = 2 * N - 1;
        Scanner input = new Scanner(System.in);

        public static void main(String[] args) {
            CodeNode[]  t = new CodeNode[M+1];
            HTNode[]  h = new HTNode[M+1];
            Test test = new Test();
            System.out.println("\n 请输入"+N+"个权值\n");
            test.createHuffmanTree(h);   /*构造 Huffman 树*/
            test.huffmancode(h,t);       /*构造 Huffman 编码*/

        }

    class HTNode {
        int weight;                    /* 结点的权值 */
        int lchild, rchild, parent; /* 左、右孩子及双亲的下标 */
    }

    class CodeNode {
        char ch;                       /* 存储字符 */
```

```
        char[] code = new char[N+1]; /* 存放编码位串 */
    }


    void initHuffmanTree(HTNode[] ht) {
        int i;
        for (i = 0; i <= M; i++)
        {
            ht[i] = new HTNode();
            ht[i].weight = 0;
            ht[i].lchild = ht[i].rchild = ht[i].parent = 0;
        }
    }/* InitHuffmanTree */

    void inputWeight(HTNode[] ht)  /* 输入权值函数 */
    {
        int i;
        for (i = 1; i <= N; i++)
        {
            System.out.println("请输入第"+i+"个权值:" );
            ht[i].weight = input.nextInt();
        }
    }/* InputWeight */

    /*
     * 在 ht[1,…,i]中选择两个权最小的根结点,其序号为 p1 和 p2, p1 中放权值最小的根结
点的序号,p2 中放权值次小的根结点的序号
     */
    int p1,p2;
    private void selectMin(HTNode[] ht, int i) {
        int j, min1,min2;              /* min1、min2 分别是最小权值和次小权值 */
        min1 = min2 = 32767;           /* 初始值设置为最大数 */
        p1 = p2 = 0;
        for (j = 1; j <= i; j++) {
            if (ht[j].parent == 0)   /* j 为根结点 */
                if (ht[j].weight < min1 || min1 == 32767) {
                    if (min1 != 32767) {
                        min2 = min1;
                        p2 = p1;
                    }
                    min1 = ht[j].weight;
                    p1 = j;
                } else if (ht[j].weight < min2 || min2 == 32767) {
                    min2 = ht[j].weight;
                    p2 = j;
                }
        } /* for */
    }/* SelectMin */

    void createHuffmanTree(HTNode[] ht) { /* 构造 Huffman 树,ht[m]为其根结点 */
        int i = 0;
```

```
        initHuffmanTree(ht); /* 将 ht 初始化 */
        inputWeight(ht);        /* 输入叶子权值至 ht[1,…,n]的 weight 域中*/
        for (i = N+1; i <= M; i++)
        /* 共进行n-1次合并,新结点依次存于 ht[i]中 */
        {
            selectMin(ht, i - 1);
            /* 在 ht[1,…,i-1]中选择两个权值最小的根结点,其序号分别为 p1 和 p2 */
            ht[p1].parent = ht[p2].parent = i;
            ht[i].lchild = p1; /* 最小权值的根结点是新结点的左孩子 */
            ht[i].rchild = p2; /* 次小权值的根结点是新结点的右孩子 */
            ht[i].weight = ht[p1].weight+ht[p2].weight;
        }
}/* CreateHuffmanTree */

void huffmancode(HTNode[] ht, CodeNode[] hcd)
{
                        /* 根据 Huffman 树 ht 求 Huffman 编码 */
    int c, p, i;        /* c 和 p 分别指示 ht 中孩子和双亲的位置 */
    char[] cd = new char[N+1];   /* 临时存放编码 */
    int start;                    /* 指示编码在 cd 中的起始位置 */
    cd[N] = '\0';                 /* 编码结束符 */
    input.nextLine();

    for (i = 1; i <= N; i++)        /* 依次求叶子 ht[i]的编码 */
    {
        cd = new char[N+1];
        hcd[i] = new CodeNode();
        System.out.println("请输入字符");
        hcd[i].ch = input.nextLine().charAt(0);
                                /* 读入叶子 ht[i]对应的字符 */
        start = N;                /* 编码起始位置的初值 */
        c = i;                    /* 从叶子 ht[i]开始上溯 */
        while ((p = ht[c].parent) != 0)
                                /* 直至上溯到 ht[c]是树根为止 */
        {
            /* 若 ht[c]是 ht[p]的左孩子,则生成代码 0;否则生成代码 1 */
            cd[--start] = (ht[p].lchild == c) ? '0' : '1';
            c = p;                /* 继续上溯 */
        }/* while */

        hcd[i].code=cd.clone(); /*复制编码位串*/

    }/* for */

    System.out.println("");
    for (i = 1; i <= N; i++)
        System.out.println("第"+i+"个字符"+hcd[i].ch+"的编码为"
            + new String(hcd[i].code));
}/* Huffmancode */

}
```

实训结果如图 6.21 所示。

图 6.21　状态转换图

本 章 习 题

1. 填空题

(1) 若二叉树中度为 2 的结点有 15 个，该二叉树有＿＿＿＿＿＿个叶子结点。

(2) 若深度为 6 的完全二叉树的第 6 层有 3 个叶子结点，则该二叉树一共有＿＿＿＿＿＿个结点。

(3) 若某完全二叉树的深度为 h，则该完全二叉树中至少有＿＿＿＿＿＿个结点。

(4) 二叉树的先根遍历序列为 ABCEFDGH，中根遍历序列为 AECFBGDH，则这棵二叉树的后根遍历序列为＿＿＿＿＿＿。

(5) 深度为 h 且有＿＿＿＿＿＿个结点的二叉树称为满二叉树。

2. 选择题

(1) 树型结构最适合用来描述(　　)。

　　A．有序的数据元素

　　B．无序的数据元素

　　C．数据元素之间的具有层次关系的数据

　　D．数据元素之间没有关系的数据

(2) 在非空二叉树的中根遍历序列中，二叉树的根节点的左边应该(　　)。

　　A．只有左子树上的所有结点　　　　B．只有左子树上的部分结点

　　C．只有右子树上的所有结点　　　　D．只有右子树上的部分结点

(3) 下面关于哈夫曼树的说法，不正确的是(　　)。

　　A．对应于一组权值构造出的哈夫曼树一般不是唯一的

　　B．哈夫曼树具有最小带权路径长度

　　C．哈夫曼树中没有度为 1 的结点

　　D．哈夫曼树中除了度为 1 的结点外，还有度为 2 的结点和叶子结点

3. 简答题

(1) 列出右图所示二叉树的叶子结点、分支结点和每个结点的层次。

(2) 在结点个数为 n (n>1)的各棵树中，高度最小的树的高度是多少？它有多少个叶子结点？多少个分支结点？高度最大的树的高度是多少？它有多少个叶子结点？多少个分支结点？

(3) 试分别画出具有 3 个结点的二叉树的所有不同形态。

(4) 如果一棵树有 n_1 个度为 1 的结点，有 n_2 个度为 2 的结点，…，n_m 个度为 m 的结点，试问有多少个度为 0 的结点？试推导之。

(5) 试分别找出满足以下条件的所有二叉树。

① 二叉树的前序序列与中序序列相同。

② 二叉树的中序序列与后序序列相同。

③ 二叉树的前序序列与后序序列相同。

4. 算法设计题

(1) 试写出先根遍历二叉树的非递归算法。

(2) 一棵完全二叉树以顺序方式存储在数组 A[n]的 n 个元素中，对其进行先根、中根和后根遍历，并打印输出遍历结果。

(3) 经常用 C 语言的指针表示二叉树的左右子树，用下列给出的数据结构写出创建二叉树，以及树的先根、中根和后根遍历算法。

```
struct node
{
    char data;
    struct node *lchild;
    struct node *lchild;
}
```

(4) 选用 C#和 Java 任意一种语言编写创建树、非递归先根遍历算法、递归方法的中根和后根遍历算法。程序输出界面如图 6.22 所示。

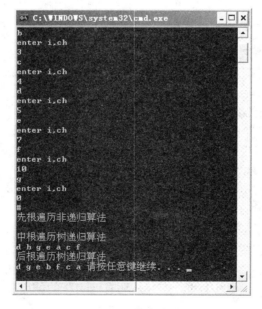

图 6.22　输出界面

第7章 图结构之三国斗法

教学目标

　　图结构是一种比树型结构更复杂的非线性结构,任意一个结点都可以有任意多个前驱和后继。图结构是一种重要的数据结构,它在计算机领域有着广泛的应用。除此之外,图结构经常用于地理、城市交通以及项目规划和一些社会科学领域。本章将介绍图的概念并讨论图的主要存储方式,定义图的基本操作、遍历方法和图的几种应用。

教学要求

知识要点	能力要求	相关知识
图的概念	会用图的模型找到现实的例子,理解图的相关概念	图的相关概念
图的存储方式	会用邻接矩阵存储图	图的表示方式
图的遍历	掌握图的两种遍历方式	深度优先和广度优先
最短路径	能写出查找最小路径的算法	最短路径
拓扑排序	能画出拓扑序列图	AOV 网

引例

　　话说刘备欲打下江山,为了三兄弟联系方便,给每位兄弟都配了高端手机,可是关羽、张飞根本不屑去用,送给了关兴、张苞。白马坡之战后,关羽欲带嫂子去见刘备,但曹操迟迟不允,从下邳到袁绍的地盘,谈何容易?关羽拿出作战地图命令关兴查下从下邳到冀州如何走?只见关兴拿出手机点击几下,马上得到几条路线图,分别标明了路线中间要经过什么地点,镇守的官员是谁,最短路径是哪条,路线的总长度。关羽仍然对路线的真实可靠存有疑虑,直到输入自己的地盘,看见上面镇守的官员赫然是自己的名字,上面的信息完全正确才顿时心服口服。

　　关兴用的这个软件就是最原始的问路查询系统,学完本章后读者可以做一个类似的系统,根据经纬度,把每一个地点转化为地图坐标,选择具体的地点作为查询的起始点和目的地,软件可提供任意地点的问路查询,即查询任意地点的路径,包括最短路径,为用户提供任意路径相关信息的查询,包括景点名字、坐标,还有距离。

7.1 图的基本概念

7.1.1 图的定义

在实际应用中，有许多可以用图结构来描述的问题，比如引例中所说的由若干地点建立的公共交通图。

图(Graph)由顶点和边组成，顶点表示图中的数据元素，边表示数据元素之间的关系，记为 G=(V，E)，其中 V 是顶点(Vertex)的非空有穷集合，E 是用顶点对表示的边(Edge)的有穷集合，可以为空。

若图 G 中表示边的顶点对是无序的，则称其为无向边，称图 G 为无向图。通常用(v_i, v_j)表示顶点 v_i 和 v_j 间的无向边。

若图 G 中表示边的顶点对是有序的，则称其为有向边，称图 G 为有向图。通常用$<v_i, v_j>$表示从顶点 v_i 到顶点 v_j 的有向边，有向边$<v_i, v_j>$也称为弧，顶点 v_i 称为弧尾(起始点)，顶点 v_j 称为弧头(终点)，可用由弧尾指向弧头的箭头形象地表示弧。显然，在有向图中，$<v_i, v_j>$和$<v_j, v_i>$表示两条不同的弧。

在如图 7.1 所示的图中，G_1 是无向图，其中，V={v_0, v_1, v_2, v_3, v_4}，E={(v_0, v_1), (v_0, v_3), (v_0, v_4), (v_1, v_4), (v_1, v_2), (v_2, v_4), (v_3, v_4)}；G_2 是有向图，其中，V={v_0, v_1, v_2, v_3}，E={$<v_0, v_1>$, $<v_1, v_2>$, $<v_2, v_0>$, $<v_3, v_2>$}。

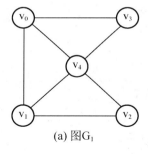 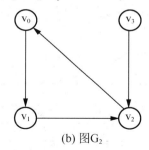

(a) 图G_1　　　　　(b) 图G_2

图 7.1　图的示例

7.1.2 图的基本术语

以下介绍图的基本术语。

(1) 邻接点：在无向图 G=(V,E)中，若边$(v_i, v_j)\in$E，则称顶点 v_i 和 v_j 互为邻接点(Adjacent)，或 v_i 和 v_j 相邻接，并称边(v_i, v_j)与顶点 v_i 和 v_j 相关联，或者说边(v_i, v_j)依附于顶点 v_i、v_j。在有向图 G=(V，E)中，若弧$<v_i, v_j>\in$E，则称顶点 v_i 邻接到顶点 v_j，顶点 v_j 邻接自顶点 v_i，并称弧$<v_i, v_j>$和顶点 v_i、v_j 相关联。

(2) 顶点的度、入度和出度：顶点 v_i 的度(Degree)是图中与 v_i 相关联的边的数目，记为 $TD(v_i)$。例如，在图 7.1 的 G_1 中，v_2 的度为 2，v_4 的度为 4。对于有向图，顶点 v_i 的度等于该顶点的入度和出度之和，即 $TD(v_i)=ID(v_i)+OD(v_i)$。其中，顶点 v_i 的入度(InDegree)$ID(v_i)$是以 v_i 为弧头的弧的数目；顶点 v_i 的出度(OutDegree)$OD(v_i)$是以 v_i 为弧尾的弧的数目。在图 7.1 的 G_2 中，v_2 的入度为 2，出度为 1，所以 v_2 的度为 3。无论有向图还是无向图，每条边均关联两个顶点，因此，顶点数 n、边数 e 和度数之间有如下关系：

$$e = \frac{1}{2}\sum_{i=1}^{n} TD(v_i) \tag{7-1}$$

(3) 完全图、稠密图、稀疏图：若无向图中有$\frac{1}{2}n(n-1)$条边，即图中每对顶点之间都有一条边，则称该无向图为无向完全图，如图 7.2(a)所示。若有向图中有 n(n-1)条弧，即图中每对顶点之间都有方向相反的两条弧，则称该有向图为有向完全图，如图 7.2(b)所示。有很少条边或弧(e<nlogn)的图称为稀疏图，反之称为稠密图。

(4) 子图：假设有两个图 G＝(V，E)，G′＝(V′，E′)，若有 V′$\subseteq$V，E′$\subseteq$E，则称图 G′是图 G 的子图。图 7.3 所示为子图的一些例子。

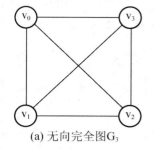 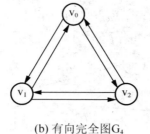 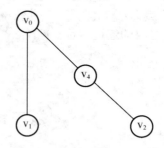

(a) 无向完全图G_3　　　　(b) 有向完全图G_4

图 7.2　完全图　　　　　　　图 7.3　图 7.1 中 G_1 的子图

(5) 路径：无向图 G＝(V，E)中，从顶点 v 到顶点 v′间的路径(Path)是一个顶点序列(v=v_{i0}，v_{i1}，…，v_{im}=v′)，其中(v_{ij-1}，v_{ij})$\in$E，1$\leqslant$j$\leqslant$m；若 G 是有向图，则路径也是有向的，且(v_{ij-1}，v_{ij})$\in$E，1$\leqslant$j$\leqslant$m。路径上边或弧的数目称为路径长度。如果路径的起点和终点相同(即 v＝v′)，则称此路径为回路或环(Cycle)。序列中顶点不重复出现的路径称为简单路径。除了第一个顶点和最后一个顶点之外，其余顶点不重复出现的回路，称为简单回路或简单环。

(6) 连通图、连通分量：在无向图 G 中，若从顶点 v_i 到顶点 $v_j(i\neq j)$有路径相通，则称 v_i 和 v_j 是连通的。如果图中任意两个顶点 v_i 和 $v_j(i\neq j)$都是连通的，则称该图是连通图(Connected Graph)。例如，图 7.1 的 G_1 就是一个连通图。无向图中的极大连通子图称为连通分量(Connected Component)。对于连通图，其连通分量只有一个，就是它本身。对于非连通图，其连通分量可以有多个。例如，图 7.4(a)是一个非连通图，它有 3 个连通分量，如图 7.4(b)所示。

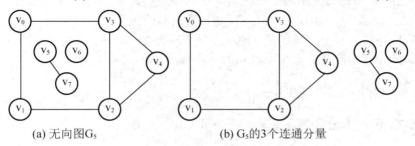

(a) 无向图G_5　　　　　　　　(b) G_5的3个连通分量

图 7.4　无向图及其连通分量

(7) 强连通图、强连通分量：在有向图中，若任意两个顶点 v_i 和 v_j 都连通，即从 v_i 到 v_j 和从 v_j 到 v_i 都有路径相通，则称该有向图为强连通图，例如图 7.2 中的 G_4 就是强连通图。有向图中的极大强连通子图称为该有向图的强连通分量。例如图 7.1 中的 G_2 不是强连通图，但它有两个强连通分量，如图 7.5 所示。

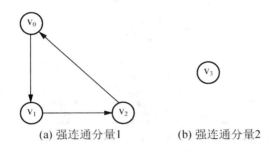

(a) 强连通分量1　　　　(b) 强连通分量2

图 7.5　有向图 G_2 的两个强连通分量

(8) 权、网：图的每条边或弧上常附有一个具有一定意义的数值，这种与边或弧相关的数值称为该边(弧)的权(Weight)。这些权可以表示顶点之间的距离、时间成本或经济成本等信息。边或弧上带权的连通图称为网(Network)，如图 7.6 所示。

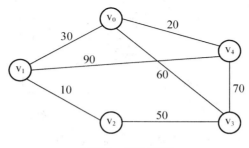

图 7.6　网的示例

7.2　图的存储结构

图的存储结构比较复杂,既要存储所有顶点的信息,又要存储顶点与顶点之间的所有关系,也就是边的信息。本章介绍图的邻接矩阵形式的存储。

7.2.1　邻接矩阵的概念

邻接矩阵这种存储结构采用两个数组来表示图,一个是一维数组,存储图中的所有顶点的信息；另一个是二维数组,即邻接矩阵,存储顶点之间的关系。

设 G=(V，E)是具有 n 个顶点的图,顶点序号依次为 0，1，…，n−1，即 V(G)={v_0, v_1, …, v_{n-1}}，则图 G 的邻接矩阵是具有如下性质的 n 阶方阵：

$$A[i][j] = \begin{cases} 1 & \text{若}(v_i,v_j)\text{或}<v_i,v_j> \in E \\ 0 & \text{反之} \end{cases} \tag{7-2}$$

例如，图 7.1 所示的无向图 G_1 的邻接矩阵可由公式 7-3 表示：

$$A_1 = \begin{pmatrix} 0 & 1 & 0 & 1 & 1 \\ 1 & 0 & 1 & 0 & 1 \\ 0 & 1 & 0 & 0 & 1 \\ 1 & 0 & 0 & 0 & 1 \\ 1 & 1 & 1 & 1 & 0 \end{pmatrix} \tag{7-3}$$

图 7.1 所示的有向图 G_2 的邻接矩阵可由公式 7-4 表示：

$$A_2 = \begin{pmatrix} 0 & 1 & 0 & 0 \\ 0 & 0 & 1 & 0 \\ 1 & 0 & 0 & 0 \\ 0 & 0 & 1 & 0 \end{pmatrix} \qquad (7\text{-}4)$$

若 G 是网，则其邻接矩阵是具有如下性质的 n 阶方阵：

$$A[i][j] = \begin{cases} W_{ij} & 若(v_i,v_j)或<v_i,v_j>\in E \\ \infty & 反之 \end{cases} \qquad (7\text{-}5)$$

这里，W_{ij} 表示边$(v_i，v_j)$或弧$<v_i，v_j>$上的权值；∞代表一个计算机内允许的、大于所有边上权值的正整数。

如图 7.6 所示的网 G_6 的邻接矩阵可由公式 7-6 表示：

$$A = \begin{pmatrix} \infty & 30 & \infty & 60 & 20 \\ 30 & \infty & 10 & \infty & 90 \\ \infty & 10 & \infty & 50 & \infty \\ 60 & \infty & 50 & \infty & 70 \\ 20 & 90 & \infty & 70 & \infty \end{pmatrix} \qquad (7\text{-}6)$$

图的邻接矩阵表示法具有以下特点。

(1) 无向图的邻接矩阵一定是对称的，而有向图的邻接矩阵不一定对称。因此，用邻接矩阵来表示一个具有 n 个顶点的有向图时需要 n^2 个单元来存储邻接矩阵；对于无向图，由于其对称性，可采用压缩存储的方式，只需存入上(下)三角的元素，故只需 n(n-1)/2 个单元。

(2) 对于无向图，邻接矩阵的第 i 行(第 i 列)非零元素的个数正好是第 i 个顶点的度 $TD(v_i)$；对于有向图，邻接矩阵的第 i 行非零元素的个数正好是第 i 个顶点的出度 $OD(v_i)$，第 i 列非零元素的个数正好是第 i 个顶点的入度 $ID(v_i)$。

(3) 对于无向图，图中边的数目是矩阵中 1 的个数的一半；对于有向图，图中弧的数目是矩阵中 1 的个数。

(4) 从邻接矩阵很容易确定图中任意两个顶点间是否有边相连，如果第 i 行 j 列的值为 1，表示顶点 i 和顶点 j 之间有边相连。但是，要确定图中有多少条边必须逐行逐列检测。

图的邻接矩阵存储结构的类型描述如下：

C

```
#define  MaxSize  顶点数目
typedef struct
{
    VexType  vexs[MaxSize];              /*顶点数组*/
    int  arcs[MaxSize][MaxSize];         /*邻接矩阵*/
    int  vexnum,arcnum;                  /*顶点数,边数*/
}AdjMatrix;
```

C#

```
public class AdjMatrix
{
    public static  int MaxSize=100;
    public object[] vexs=new object[MaxSize];            /*顶点数组*/
```

```
        public int[]  arcs=new int[MaxSize,MaxSize];        /*邻接矩阵*/
        public int  vexnum;                                  /*顶点数,边数*/
        public int  arcnum;
    }
```

Java

```
    public class AdjMatrix
    {
        VexType  vexs[MaxSize];              /*顶点数组*/
        int  arcs[MaxSize][MaxSize];         /*邻接矩阵*/
        int  vexnum,arcnum;                  /*顶点数,边数*/
    }
```

7.2.2 建立图的邻接矩阵

下面以建立无向图的邻接矩阵的算法为例进行讨论，假设顶点数组中存放的顶点信息是字符类型，即 VexType 为 char 类型。

首先输入顶点的个数、边的条数，由顶点的序号建立顶点表(数组)。然后将矩阵的每个元素都初始化成 0，读入边(i, j)，将邻接矩阵的相应元素(第 i 行第 j 列和第 j 行第 i 列)的值置为 1。

建立无向图的邻接矩阵的算法描述如下：

C

```
    typedef  char  VexType
    AdjMatrix  CreatAMgraph()                /*建立无向图的邻接矩阵g*/
    {
        AdjMatrix g;
        printf("please  input  vexnum  and  arcnum:\n");
        scanf("%d",g.vexnum);                /*输入顶点数*/
        scanf("%d",g.arcnum);                /*输入边数*/
        getchar( );                          /*吸收输入的换行符*/
        for (i=0;i<g.vexnum;++i)
        {
            printf("please  input  vexs:\n");
            scanf("%c",g.vexs[i]);           /*建立顶点数组*/
        }
        for (i=0;i<g.vexnum;++i)             /*初始化邻接矩阵*/
            for (j=0;j<g.vexnum;++j)
            g. arcs[i][j]=0;
        for (k=0;k<g.arcnum;k++)
        {
            printf("please input edges:\n");
            scanf("%d,%d",&i,&j);            /*输入边(i,j),i,j为顶点序号*/
            g.arcs[i][j]=1;
            g.arcs[j][i]=1;
```

```
    }
    return g;
}/*CreatAMgraph*/
```

C#

```
public static AdjMatrix CreatAMgraph()                /*建立无向图的邻接矩阵 g*/
{
    AdjMatrix g=new AdjMatrix ();
    Console.WriteLine("please input vexnum and arcnum:\n");
    g.vexnum = int.Parse(Console.ReadLine());     /*输入顶点数*/
    g.arcnum = int.Parse(Console.ReadLine());     /*输入边数*/
    for (int i = 0; i < g.vexnum; ++i)
    {
        Console.WriteLine("please input vexs:\n");
        g.vexs[i] =Console.ReadLine ();               /*建立顶点数组*/
    }
    for (int i = 0; i < g.vexnum; ++i)                /*初始化邻接矩阵*/
        for (int j = 0; j < g.vexnum; ++j)
            g.arcs[i,j] = 0;
    for (int k = 0; k < g.arcnum; k++)
    {
        Console.WriteLine("please input edges:\n");
        /*输入边(i,j),i,j为顶点序号*/
        int i = int.Parse(Console.ReadLine());
        int j = int.Parse(Console.ReadLine());
        g.arcs[i, j] = 1;
        g.arcs[j, i] = 1;
    }
    return g;
}/*CreatAMgraph*
```

Java

```
AdjMatrix  CreatAMgraph()                          /*建立无向图的邻接矩阵 g*/
{
    Scanner input=new Scanner(System.in);
    AdjMatrix g;
    System.out.println("please input vexnum and arcnum:\n");
    g.vexnum = input. nextInt();              /*输入顶点数*/
    g.arcnum = input. nextInt();              /*输入边数*/
    for (i=0;i<g.vexnum;++i)
    {
        System.out.println ("please input vexs:\n");
        g.vexs[i] = input. next();            /*建立顶点数组*/
    }
    for (i=0;i<g.vexnum;++i)                    /*初始化邻接矩阵*/
```

```
            for (j=0;j<g.vexnum;++j)
                g.arcs[i][j]=0;
        for (k=0;k<g.arcnum;k++)
    {
        System.out.println ("please input edges:\n");
        /*输入边(i,j),i,j为顶点序号*/
        i = input.nextInt();
        j = input.nextInt();
        g.arcs[i][j]=1;
        g.arcs[j][i]=1;
        }
        return g;
    }/*CreatAMgraph*/
```

算法执行时间是 $O(n+n^2+e)$，其中 $O(n^2)$ 的时间耗费在邻接矩阵的初始化操作上。因为 $e<n^2$，所以，算法 CreatMgraph 的时间复杂度是 $O(n^2)$。

7.3 图 的 遍 历

赤壁之战后，曹操仓皇逃走，正庆幸全身而退之际，没想到在乌林、葫芦口、华容道都遭遇了伏兵。曹操最终要向关羽求情才获得一条生路，他哪里想到关兴早用高端手机把他所有可能的路线都掌握了，这就是图的遍历最早运用的实例。

图的遍历就是从图中任意给定的顶点(起始顶点)出发，按照某种搜索方法，访问图中其余的顶点，且使每个顶点仅被访问一次的过程。图的遍历是一种基本操作。图的任一顶点都可能和其余顶点相邻接，因此在遍历图的过程中，在访问了某个顶点后，可能沿着某条路径搜索后又回到该顶点，为避免某个顶点被访问多次，在遍历图的过程中，要记下每个已被访问过的顶点。为此，可增设一个访问标志数组 visited[n]，用以标识图中每个顶点是否被访问过。每个 visited[i] 的初值置为零，表示该顶点未被访问过。一旦顶点 v_i 被访问过，就将 visited[i] 置为 1，表示该顶点已被访问过。

在图的遍历中，由于一个顶点可以和多个顶点相邻接，所以当某个顶点被访问后，有两种选取下一个顶点的方法，这就形成了两种遍历图的算法：深度优先搜索遍历算法和广度优先搜索遍历算法。这两种方法都适用于无向图和有向图。

7.3.1 连通图的深度优先搜索

连通图的深度优先搜索 DFS(Depth First Search)遍历与树的先根遍历类似，基本思想是假定以图中某个顶点 v_i 为起始顶点，首先访问起始顶点，然后选择一个与顶点 v_i 相邻且未被访问过的顶点 v_j 为新的起始顶点继续进行深度优先搜索，直至图中与顶点 v_i 邻接的所有顶点都被访问过为止，这是一个递归的搜索过程。

以图 7.7(a)中的图 G 为例说明深度优先搜索过程。假定 v_0 是出发点，首先访问 v_0。v_0 有两个邻接点 v_1、v_2，且均未被访问过，任选一个作为新的出发点。假设选的是 v_1，访问 v_1 之后，再从 v_1 的未被访问过的邻接点 v_3 和 v_4 中选择，假设 v_3 作为新的出发点，重复上述搜索过程，依次访问 v_4。访问 v_4 之后，由于 v_4 的邻接点均被访问过，搜索按原路退回到 v_3，v_3 的邻接点也均已被访问过，继续回退到 v_1，v_1 的邻接点也均已被访问过，继续回退到 v_0。v_0 的两个邻接点 v_1、v_2 中，v_1 已被访问过，v_2 未被访问，于是再从 v_2 出发，访问 v_2。v_2 的邻接点 v_5、v_6 均未被访问过，选择 v_5 进行访问，v_5 的邻接点只有 v_7 未被访问过，访问 v_7。v_7 没有未被访问的邻接点，按原路返回到 v_5，v_5 的所有邻接点都被访问过了，继续返回到 v_2。v_2 的邻接点 v_6 未被访问过，访问 v_6，v_6 没有未被访问的邻接点，返回 v_2，v_2 没有未被访问的邻接点，继续返回到初始顶点 v_0，v_0 的所有邻接点都已被访问过，而且图 G 的所有顶点都已被访问过，算法结束。

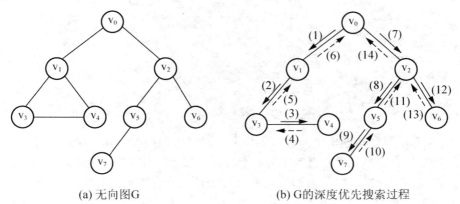

(a) 无向图G　　　　　　　(b) G的深度优先搜索过程

图 7.7　图的深度优先搜索过程

遍历过程如图 7.7(b)所示，得到的顶点的访问序列为 $v_0 \rightarrow v_1 \rightarrow v_3 \rightarrow v_4 \rightarrow v_2 \rightarrow v_5 \rightarrow v_7 \rightarrow v_6$。

用深度优先搜索法遍历一个没有给定具体存储结构的图得到的访问序列不唯一，但就一个具体的存储结构所表示的图而言，其遍历序列应该是确定的。

深度优先搜索是递归定义的，所以很容易写出它的递归算法，以邻接矩阵作为图的存储结构的深度优先搜索遍历算法描述如下：

C

```c
int  visited [MaxSize]={0};
void  DFS(AdjMatrix  g, int  i)
/*从第 i 个顶点出发深度优先遍历图 G,G 以邻接矩阵表示*/
{
    printf("%3c",g.vexs[i]);   /*访问顶点 vi*/
    visited[i]=1;
    for (j=0;j<g.vexnum;j++)
        if ((g.arcs[i][j]==1)&&(!visited[j]))
    DFS(g, j);
}/*DFS*/
```

C#

```csharp
public static void DFS(AdjMatrix g, int i, int[] visited)
/*从第 i 个顶点出发深度优先遍历图 G,G 以邻接矩阵表示*/
{
    Console.WriteLine(g.vexs[i] + "  ");   /*访问顶点 vi*/
```

```
        visited[i] = 1;
        for (int j = 0; j < g.vexnum; j++)
            if ((g.arcs[i, j] == 1) && (visited[j] != 0))
                DFS(g, j, visited);
    }/*DFS*/
```

Java

```
    void DFS(AdjMatrix g, int i, int visited[])
    /*从第 i 个顶点出发深度优先遍历图 G,G 以邻接矩阵表示*/
    {
    System.out.print(g.vexs[i]+" ");    /*访问顶点 vi*/
        visited[i]=1;
        for (j=0;j<g.vexnum;j++)
        if ((g.arcs[i][j]==1)&&(!visited[j]))
            DFS(g, j);
    }/*DFS*/
```

分析 DFS 算法得知，遍历图的过程实质上是对每个顶点搜索其邻接点的过程。耗费的时间取决于所采用的存储结构。假设图中有 n 个顶点，那么，当用邻接矩阵表示图时，搜索一个顶点的所有邻接点需花费的时间为 O(n)，则从 n 个顶点出发搜索的时间应为 $O(n^2)$，所以算法 DFS 的时间复杂度是 $O(n^2)$。

7.3.2 连通图的广度优先搜索

连通图的广度优先搜索 BFS(Breadth First Search)遍历与树的按层次遍历类似，其基本思想是从图中某个顶点 v_i 出发，在访问了 v_i 之后，依次访问 v_i 的各个未曾访问过的邻接点；然后分别从这些邻接点出发，依次访问它们的未曾访问过的邻接点，直至所有和起始顶点 v_i 有路径相通的顶点都被访问过为止。

以图 7.7(a)中图 G 为例说明广度优先搜索的过程，过程如图 7.8 所示。假设从起点 v_0 出发，首先访问 v_0 和 v_0 的两个邻接点 v_1、v_2；然后依次访问 v_1 的未被访问过的邻接点 v_3 和 v_4，以及 v_2 的未曾被访问的邻接点 v_5、v_6；最后访问 v_5 的未曾被访问的邻接点 v_7。此时所有顶点均已被访问过，算法结束，得到的顶点访问序列为：$v_0 \rightarrow v_1 \rightarrow v_2 \rightarrow v_3 \rightarrow v_4 \rightarrow v_5 \rightarrow v_6 \rightarrow v_7$。

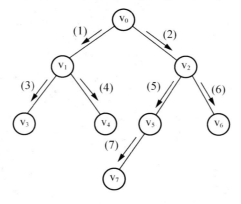

图 7.8　图的广度优先搜索过程

以邻接矩阵作为图的存储结构的广度优先搜索遍历算法描述如下：

C

```c
int visited[MaxSize]={0};
void  BFS(AdjMatrix g,int i)
/*从第 i 个顶点出发广度优先遍历图G,G以邻接矩阵表示*/
{
    int k;
    Queue Q;                            /*定义一个队列*/
    printf("%3c",g.vexs[i]);            /*访问顶点 vi*/
    visited[i]=1;
    InitQueue(&Q);                      /*置空队列 Q */
    EnQueue(&Q,i);                      /* vi 入队列 */
    while  (!Empty(Q))
    {
        DeQueue(&Q,&k);                 /*队头顶点出队列 */
        for (j=0;j<g.vexnum;j++)
        if ((g.arcs[k][j]==1)&&(!visited[j]))
        {
            printf("%3c",g.vexs[j]);    /*访问顶点 vi 的未曾访问的顶点 vj*/
            visited[j]=1;
            EnQueue(&Q,j);              /* vj 入队列 */
        }
    }
} /*BFS */
```

C#

```csharp
//注意:此方法调用之前一定要对 visited 数组清零: int visited[]=new int[MaxSize];
public static void BFS(AdjMatrix g, int i, int[] visited)
/*从第 i 个顶点出发广度优先遍历图G,G以邻接矩阵表示*/
{
    int k;
    Queue Q;                            /*定义一个队列*/
    Console.WriteLine(g.vexs[i] + " ");  /*访问顶点 vi */
    visited[i] = 1;
    InitQueue(Q);                       /*置空队列 Q */
    EnQueue(Q, i);                      /* vi 入队列 */
    while (!Empty(Q))
    {
        DeQueue(Q, k);                  /*队头顶点出队列 */
        for (int j = 0; j < g.vexnum; j++)
            if ((g.arcs[k,j] == 1) && (visited[j]!=0))
            {
                Console.WriteLine(g.vexs[j] + "  ");
                                        /*访问顶点 vi 的未曾访问的顶点 vj*/
                visited[j] = 1;
                EnQueue(Q, j);          /* vj 入队列 */
            }
    }
} /*BFS */
```

Java

```
//注意:此方法调用之前一定要对 visited 数组清零: int visited[]=new int[MaxSize];
void  BFS(AdjMatrix g,int i, int visited[])
/*从第 i 个顶点出发广度优先遍历图 G,G 以邻接矩阵表示*/
{
    int k;
    Queue Q;                                    /*定义一个队列*/
    System.out.println(g.vexs[i]+ "  ");        /*访问顶点 vi */
    visited[i]=1;
    InitQueue(Q);                               /*置空队列 Q */
    EnQueue(Q,i);                               /* vi 入队列 */
    while  (!Empty(Q))
    {
        DeQueue(Q, k);                          /*队头顶点出队列 */
        for (j=0;j<g.vexnum;j++)
        if ((g.arcs[k][j]==1)&&(!visited[j]))
        {
            System.out.println(g.vexs[j] +"  ");/*访问顶点 vi 的未曾访问的顶点 vj*/
            visited[j]=1;
            EnQueue(Q,j);                       /* vj 入队列 */
        }
    }
} /*BFS */
```

分析上述算法，每个顶点至多进一次队列，所以算法中的内、外循环次数均为 n 次，故算法 BFS 的时间复杂度为 $O(n^2)$。

7.3.3 非连通图的遍历

如果给定的图是不连通的，则调用上述遍历算法(深度或广度优先搜索算法)只能访问到起始顶点所在的连通分量中的所有结点，其他连通分量中的结点是访问不到的。为此，需从每一个连通分量中选取起始顶点分别进行遍历，才能访问到图中的所有顶点。

深度优先搜索遍历非连通图的算法描述如下：

C

```
AdjMatrix  g;
void DFSUnG(AdjMatrix  g)
{
    int i
    for (i=0;i<g.vexnum;i++)
        if visited[i]==0)
            DFS(g,i);
}
```

C#

```csharp
public static void DFSUnG(AdjMatrix g,int []visited)
{
    int i;
        for (i = 0; i < g.vexnum; i++)
            if (visited[i] == 0)
                DFS(g, i,visited);
}
```

Java

```java
void DFSUnG(AdjMatrix  g)
{
    int i;
    for (i=0;i<g.vexnum;i++)
        if visited[i]==0)
            DFS(g,i);
}
```

7.4　最小生成树

7.4.1　生成树及最小生成树

1. 生成树

一个连通图的生成树是一个极小连通子图，它含有图中全部顶点，但只有 n-1 条边。

一个连通图的生成树是不唯一的。因为遍历图时选择的起始点不同，遍历的策略不同，遍历时经过的边就不同，产生的生成树就不同。由深度优先搜索得到的生成树称为深度优先生成树；由广度优先搜索得到的生成树称为广度优先生成树。图 7.9 就是图 7.7(a)的图 G 从顶点 v_0 出发开始遍历所得到的深度优先生成树和广度优先生成树。

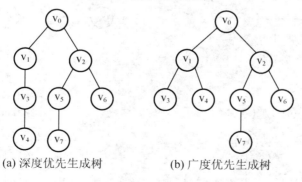

(a) 深度优先生成树　　　　(b) 广度优先生成树

图 7.9　图的生成树

2. 最小生成树

在一个连通网的所有生成树中，各边的权值之和最小的那棵生成树称为该连通网的最小代价生成树(Minimum Cost Spanning Tree)，简称为最小生成树。

最小生成树在实际生活中很有用。例如，要在 n 个城市之间建立通信网络，则连通 n 个城市只需要 n-1 条线路。这时需要考虑如何在最节省经费的情况下建立通信网络，在每两个城市之间都可以设置一条通信线路，相应地都要付出一定的经济代价，n 个城市最多可以设置 n*(n-1)/2 条线路，如何在这 n*(n-1)/2 条线路中选择 n-1 条使其既能满足各城市间通信的需要，又使总的耗费最少？可以用连通网来表示这个通信网络，其中顶点表示城市，边表示城市之间的通信线路，边上的权值表示代价，上述问题就转化为求该无向连通网的最小生成树的问题。

构造最小生成树的算法很多，其中多数算法都利用了最小生成树的一种称之为 MST 的性质。

MST 性质： 假设 G=(V, E)是一连通网，U 是顶点集 V 的一个非空子集。若(u, v)是一条具有最小权值的边，其中 u∈U，v∈V-U，则必存在一棵包含边(u, v)的最小生成树。

常用的构造最小生成树的算法有普利姆(Prim)算法和克鲁斯卡尔(Kruskal)算法。

7.4.2 普利姆算法

1. 算法的思想

假设 G＝(V，E)是一个连通网，U 是最小生成树中的顶点的集合，TE 是最小生成树中边的集合。初始令 U={u₁}(u₁∈V)，TE={ø}，重复执行下述操作：在所有 u∈U，v∈W=V-U 的边(u，v)∈E 中选择一条权值最小的边(u，v)并入集合 TE，同时将 u 并入 U 中，直至 U=V 为止。此时 TE 中必有 n-1 条边，则 T=(U，TE)便是 G 的一棵最小生成树。

普利姆算法逐步增加集合 U 中的顶点，直至 U=V 为止。

下面以图 7.10(a)中的无向网为例说明用普利姆算法生成最小生成树的步骤。

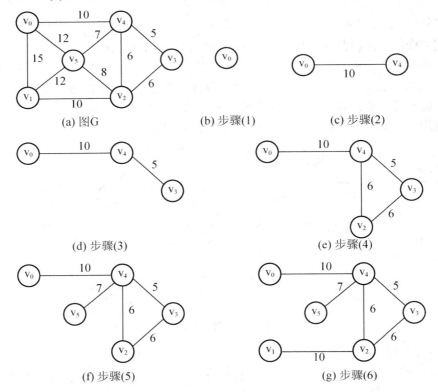

图 7.10　普利姆算法构造最小生成树的过程

(1) 初始时，U={v₀}，V-U={v₁, v₂, v₃, v₄, v₅}。

(2) 在 U 和 V-U 之间权值最小的边为(v₀, v₄)，因此选中该边作为最小生成树的第一条边，并将顶点 v₄ 加入集合 U 中，U={v₀, v₄}，V-U={v₁, v₂, v₃, v₅}。

(3) 在 U 和 V-U 之间权值最小的边为(v₃, v₄)，因此选中该边作为最小生成树的第二条边，并将顶点 v₃ 加入集合 U 中，U={v₀, v₄, v₃}，V-U={v₁, v₂, v₅}。

(4) 在 U 和 V-U 之间权值最小的边为(v₂, v₄)，因此选中该边作为最小生成树的第三条边，并将顶点 v₂ 加入集合 U 中，U={v₀, v₄, v₃, v₂}，V-U={v₁, v₅}。

(5) 在 U 和 V-U 之间权值最小的边为(v₄, v₅)，因此选中该边作为最小生成树的第四条边，并将顶点 v₅ 加入集合 U 中，U={v₀, v₄, v₃, v₂, v₅}，V-U={v₁}。

(6) 在 U 和 V-U 之间权值最小的边为(v₂, v₁)，因此选中该边作为最小生成树的第五条边，并将顶点 v₁ 加入集合 U 中，U={v₀, v₄, v₃, v₂, v₅, v₁}，V-U={}。此时 U=V，算法结束。

选择权值最小的边时，可能有多条同样权值且满足条件的边可以选择，此时可任选其一。因此，所构造的最小生成树不是唯一的，但各边的权值的和是一样的。

2. 算法的实现

为了实现普利姆算法，需要附设一个辅助数组 closedge 以记录从 U 到 V−U 的具有最小权值的边。其数据类型定义如下：

C

```
struct  closedge
{
    VexType  adjvex ;          //存储依附于最小权值边上的顶点
    int  lowcost;              //存储最小权值
}closedge[MaxSize];
```

C#

```
public class closedge
{
    public object adjvex;      //存储依附于最小权值边上的顶点
    public int lowcost;        //存储最小权值
}
```

Java

```
class  closedge
{
    VexType  adjvex ;          //存储依附于最小权值边上的顶点
    int  lowcost;              //存储最小权值
}
```

对于每个顶点 $v_i \in V-U$，在辅助数组 closedge 中存在一个分量 closedge[i]，其中 closedge[i].lowcost 存储所有与 v_i 邻接的、从 U 到 V−U 的那组边中的最小边上的权值，显然有 closedge[i].lowcost＝Min{cost(u, v_i)|u∈U}，其中 cost (u, v_i)表示边(u, v_i)的权值。一旦顶点 v_i 并入 U，则 closedge[i].lowcost 置为零；而 closedge[i].adjvex 存储依附于该边的 U 中的顶点。

表 7-1 展示了在如图 7.10 所示的构造最小生成树的过程中，辅助数组 closedge 中各分量值的变化情况。

表 7-1　构造最小生成树过程中辅助数组中各分量的值

v ＼ closedge	v_1	v_2	v_3	v_4	v_5	U	V−U
adjvex	v_0			v_0	v_0	$\{v_0\}$	$\{v_1, v_2, v_3, v_4, v_5\}$
lowcost	15			10	12		
adjvex	v_0	v_4	v_4		v_4	$\{v_0, v_4\}$	$\{v_1, v_2, v_3, v_5\}$
lowcost	15	6	5		7		
adjvex	v_0	v_4			v_4	$\{v_0, v_4, v_3\}$	$\{v_1, v_2, v_5\}$
lowcost	15	6			7		
adjvex	v_2				v_4	$\{v_0, v_4, v_3, v_2\}$	$\{v_1, v_5\}$
lowcost	10				7		
adjvex	v_2					$\{v_0, v_4, v_3, v_2, v_5\}$	$\{v_1\}$
lowcost	10						
adjvex						$\{v_0, v_4, v_3, v_2, v_5, v_1\}$	∅
lowcost							

算法描述如下：

C

```c
int  LocatVex(AdjMatrix  g, VexType  u0); /*确定顶点 u0 在网 G 中的序号*/
int  Mininum( struct closedge  closedge[], int  vexnum);
void Prim(AdjMatrix g, VexType u0)
/*从顶点 u0 出发构造网 G 的最小生成树 T,输出 T 中的每条边*/
{
    k=LocatVex(g,u0);                       /*确定顶点 u0 在网 G 中的序号*/
    closedge[k].lowcost=0;
    for (j=0;j<g.vexnum;j++)                /*初始化辅助数组*/
        if (j!=k)
        {
            closedge[j].adjvex=u0;
            closedge[j].lowcost=g.arcs[k][j];
        }
    closedge[k].lowcost=0;                   /*初始 U={u0}*/
    for (i=1;i<=g.vexnum-1;i++)
    {
        k=Mininum(closedge, g.vexnum);
                    /*求权值最小的顶点的序号,vk∈V－U*/
        printf("(%c,%c),%d ",closedge[k].adjvex,g.vexs[k],closedge[k].lowcost);
                    /*输出生成树 T 的边及权值*/
        closedge[k].lowcost=0;               /*顶点 vk 并入 U*/
        for (j=0;j<g.vexnum;j++)             /*重新调整 closedge*/
            if (g.arcs[k][j]<closedge[j].lowcost)
            {
                closedge[j].lowcost=g.arcs[k][j];
                closedge[j].adjvex=g.vexs[k];
            }
    }
```

```
            }
        }
    int LocatVex(AdjMatrix  g, VexType  u0)
    /*返回顶点 u0 在网 G 中的序号*/
    {
        for (i=0;i<g.vexnum;i++)
        if (g.vexs[i]==u0)
            return (i);
    }
    int Mininum( struct closedge closedge[], int  vexnum)
    /*在辅助数组 closedge 中求出权值最小的边的顶点序号 min,且 vmin∈V-U*/
    {
        for(i=0;i<vexnum;i++)
        if(closedge[i].lowcost!=0)  break;
        min=i;
        for(i=0;i<vexnum;i++)
        if (closedge[i].lowcost!=0 &&closedge[i].lowcost <closedge[min].lowcost)
        min=i;
        return (min);
    } /*Mininum*/
```

C#

```
    /*从顶点 u0 出发构造网 G 的最小生成树 T,输出 T 中的每条边*/
    public static void Prim(AdjMatrix g, object u0)
    {
        int k;
        closedge[] closedge = new closedge[100];
        k = LocatVex(g,u0);                      /*确定顶点 u0 在网 G 中的序号*/
        closedge[k].lowcost = 0;
        for (int j = 0; j < g.vexnum; j++)   /*初始化辅助数组*/
            if (j!= k)
            {
                closedge[j].adjvex = u0;
                closedge[j].lowcost = g.arcs[k, j];
            }
        closedge[k].lowcost = 0;                 /*初始 U={u0}*/
        for (int i = 1; i <= g.vexnum-1; i++)
        {
            k = Mininum(closedge, g.vexnum);
                                        /*求权值最小的顶点的序号,vk∈V－U*/
            Console.WriteLine("(0},{1}),{2}", closedge[k].adjvex, g.vexs[k],
closedge[k].lowcost);
                                        /*输出生成树 T 的边及权值*/
            closedge[k].lowcost=0;                /*顶点 vk 并入 U*/
            for (int j = 0; j < g.vexnum; j++) /*重新调整 closedge*/
```

```
                    if (g.arcs[k, j] < closedge[j].lowcost)
                    {
                        closedge[j].lowcost = g.arcs[k, j];
                        closedge[j].adjvex = g.vexs[k];
                    }
            }
    }
```
/*返回顶点 u0 在网 G 中的序号*/
```
public static int LocatVex(AdjMatrix g, object u0)
{
    for (int i = 0; i < g.vexnum; i++)
        if (g.vexs[i] == u₀)
            return (i);
        return -1;
}
```
/*在辅助数组 closedge 中求出权值最小的边的顶点序号 min,且 vmin∈V-U*/
```
public static int Mininum(closedge[] closedge, int vexnum)
{
        int min, i;
        for (i = 0; i < vexnum; i++)
            if (closedge[i].lowcost != 0) break;
        min = i;
        for (i = 0; i < vexnum; i++)
            if (closedge[i].lowcost!=0 && closedge[i].lowcost < closedge
[min].lowcost)
            min = i;
        return (min);
} /*Mininum*/
```

Java

```
//int  LocatVex(AdjMatrix g, VexType  u0);    /*确定顶点 u0 在网 G 中的序号*/
//int  Mininum(struct closedge closedge[], int  vexnum);
void  Prim(AdjMatrix  g, VexType  u0)
/*从顶点 u0 出发构造网 G 的最小生成树 T,输出 T 中的每条边*/
{
    k=LocatVex(g,u0);                              /*确定顶点 u0 在网 G 中的序号*/
    closedge[k].lowcost=0;
    for (j=0;j<g.vexnum;j++)                        /*初始化辅助数组*/
        if (j!=k)
        {
            closedge[j].adjvex=u₀;
            closedge[j].lowcost=g.arcs[k][j];
        }
    closedge[k].lowcost=0;                          /*初始 U={u0}*/
    for (i=1;i<=g.vexnum-1;i++)
```

```
        {
                k=Mininum(closedge, g.vexnum);
                                        /*求权值最小的顶点的序号,vk∈V−U*/
                System.out.println(closedge[k].adjvex+g.vexs[k]+closedge[k].lowcost)
                                        /*输出生成树 T 的边及权值*/
                closedge[k].lowcost=0;        /*顶点 vk 并入 U*/
                for (j=0;j<g.vexnum;j++)        /*重新调整 closedge*/
                        if (g.arcs[k][j]<closedge[j].lowcost)
                        {
                                closedge[j].lowcost=g.arcs[k][j];
                                closedge[j].adjvex=g.vexs[k];
                        }
                }
}
int  LocatVex(AdjMatrix  g, VexType  u0)
/*返回顶点 u0 在网 G 中的序号*/
{
        for (i=0;i<g.vexnum;i++)
                if (g.vexs[i]==u0)
                        return (i);
}
int  Mininum( struct closedge closedge[], int  vexnum)
/*在辅助数组 closedge 中求出权值最小的边的顶点序号 min,且 vmin∈V-U*/
{
        for(i=0;i<vexnum;i++)
        if(closedge[i].lowcost!=0) break;
        min=i;
        for(i=0;i<vexnum;i++)
        if (closedge[i].lowcost!=0 &&closedge[i].lowcost <closedge[min].lowcost)
        min=i;
        return (min);
} /*Mininum*/
```

　　假设网中有 n 个顶点，普利姆算法中有两个循环，所以时间复杂度为 $O(n^2)$，它与网中边的数目无关，因此普利姆算法适合于求边稠密的网的最小生成树。

7.4.3　克鲁斯卡尔算法

　　克鲁斯卡尔算法的基本思想是按权值递增的次序来选择合适的边构成最小生成树。假设 G=(V，E)是连通网，最小生成树 T=(V，TE)。初始时，TE={ø}，即 T 仅包含网 G 的全部顶点，没有一条边，T 中每个顶点自成一个连通分量。算法执行如下操作：在图 G 的边集 E 中按权值递增次序依次选择边(u，v)，若该边依附的顶点 u、v 分别是当前 T 的两个连通分量中的顶点，则将该边加入到 TE 中；若 u、v 是当前同一个连通分量中的顶点，则舍去此边而选择下一条权值最小的边。以此类推直到 T 中所有顶点都在同一连通分量上为止，此时 T 便是 G 的一棵最小生成树。与普利姆算法不同，克鲁斯卡尔算法是逐步增加生成树的边。

克鲁斯卡尔算法可描述如下：

```
T=(V,{∅});
while (T 中的边数 e<n-1)
{
        从 E 中选取当前权值最小的边(u,v);
        if((u,v)并入 T 之后不产生回路)将边(u,v)并入 T 中;
        else  从 E 中删去边(u,v);
}
```

可以证明克鲁斯卡尔算法的时间复杂度是 $O(e\log_2 e)$，其中 e 是网 G 的边的数目。克鲁斯卡尔算法适合于求边稀疏的网的最小生成树。

现以如图 7.10(a)所示的网为例，按克鲁斯卡尔算法构造最小生成树。其构造过程如图 7.11 所示。

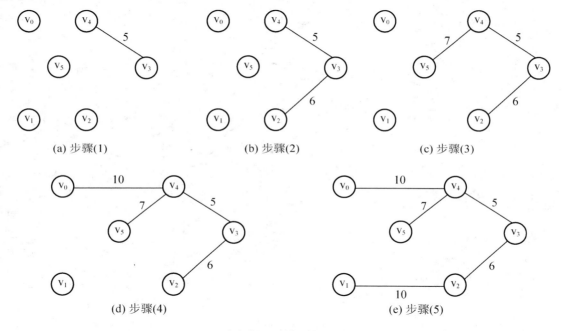

(a) 步骤(1)　　　　　　　(b) 步骤(2)　　　　　　　(c) 步骤(3)

(d) 步骤(4)　　　　　　　(e) 步骤(5)

图 7.11　克鲁斯卡尔算法构造最小生成树

7.5 最 短 路 径

用一个带权的有向图表示一个地区的交通运输网，图中顶点表示具体的地点，边代表地点之间的通路，边上的权表示地点之间的距离，或者表示通过这段路所需的时间或需要花费的代价等。在交通网络中经常有这样的问题：两地之间是否可达？当有多条路径可达的时候，选择哪个途径更经济？这就是带权图中求最短路径的问题，此时路径的长度表示路径上的边所带的权值之和。

设有向网 G=(V，E)，以指定顶点 v_0 为源点，求从 v_0 出发到图中所有其余顶点的最短路径。在如图 7.12(a)所示的有向网络中，若指定 v_0 为源点，通过分析可以得到从 v_0 出发到其余顶点的最短路径和路径长度，如图 7.12(b)所示。

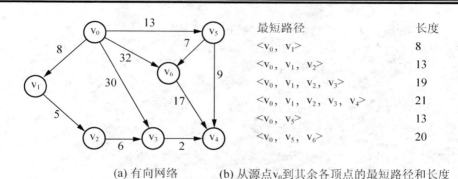

最短路径	长度
$\langle v_0, v_1 \rangle$	8
$\langle v_0, v_1, v_2 \rangle$	13
$\langle v_0, v_1, v_2, v_3 \rangle$	19
$\langle v_0, v_1, v_2, v_3, v_4 \rangle$	21
$\langle v_0, v_5 \rangle$	13
$\langle v_0, v_5, v_6 \rangle$	20

(a) 有向网络　　　　(b) 从源点 v_0 到其余各顶点的最短路径和长度

图 7.12　有向网络及从源点到其余各顶点的最短路径和路径长度

迪杰斯特拉(Dijkstra)算法提出了一个从源点到其余各顶点的最短路径的方法,它的基本思想是按路径长度递增的次序产生最短路径。把所有顶点 V 分成两组,已确定最短路径的顶点为一组,用 S 表示;尚未确定最短路径的顶点为另一组,用 T 表示。初始时,S 中只包含源点 v_0,T 中包含除源点外的其余顶点,此时各顶点的当前最短路径长度为源点到该顶点的弧上的权值,然后按最短路径长度递增的次序逐个把 T 中的顶点加到 S 中去,直至从 v_0 出发可以到达的所有顶点都包括到 S 中为止。每往集合 S 中加入一个新顶点 v,都要修改源点到集合 T 中的所有顶点的最短路径长度值,集合 T 中各顶点的新的最短路径长度值为原来的最短路径长度值与顶点 v 的最短路径长度值加上 v 到该顶点的弧上的权值中的较小值。在这个过程中,必须保证从 v_0 到 S 中各顶点的最短路径长度都不大于从 v_0 到 T 中的任何顶点的最短路径长度。另外,每一个顶点对应一个距离值,S 中的顶点对应的距离值就是从 v_0 到该顶点的最短路径,T 中的顶点对应的距离值是从 v_0 到该顶点的只包括 S 中的顶点为中间顶点的最短路径长度。

设有向图 G 有 n 个顶点(v_0 为源点),其存储结构用邻接矩阵表示。算法实现时需要设置 3 个数组 s[n]、dist[n] 和 path[n]。s 用以标记那些已经找到最短路径的顶点集合 S,若 s[i]=1,则表示已经找到源点到顶点 v_i 的最短路径;若 s[i]=0,则表示从源点到顶点 v_i 的最短路径尚未求得。数组的初态为 s[0]=1,s[i]=0,i=1,2,…,n-1,表示集合 S 中只包含一个顶点 v_0。数组 dist 记录源点到其他各顶点的当前的最短距离,其初值为 dist[i]=g.arcs[0][i],i=1,2,…,n-1,path 是最短路径的路径数组,其中 path[i] 表示从源点 v_0 到顶点 v_i 之间的最短路径上该顶点的前驱顶点,若从源点到顶点 v_i 无路径,则 path[i]=-1。算法执行时从顶点集合 T 中选出一个顶点 v_w,使 dist[w] 的值最小。然后将 v_w 加入集合 S 中,即令 s[w]=1;对 T 中顶点的距离值进行修改:若加进 W 作中间顶点,从 v_0 到 v_i 的距离值比不加 W 的路径要短,则修改此距离值,即从原来的 dist[j] 和 dist[w]+g.arcs[w][j] 中选择较小的值作为新的 dist[j],以图 7.12(a) 为例,当集合 S 中只有 v_0 时,dist[2]=∞,当加入顶点 v_1 后,dist[1]+g.arcs[1][2]<dist[2],因此将 dist[2] 更新为 dist[1]+g.arcs[1][2] 的值。重复上述步骤,直到 S 中包含所有顶点,即 S=V 为止。

网采用邻接矩阵作存储结构,用迪杰斯特拉算法求最短路径的算法描述如下:

C

```
void Dijkstra(AdjMatrix g, int v0, int path[], int dist[])
{
    /*求有向网 g 的从顶点 v0 到其余顶点 v 的最短路径,path[v]是 v0 到 v 的最短路径上 v 的
前驱顶点,dist[v]是路径长度*/
    int s[MaxSize], v;
```

```
    for (v=0;v<g.vexnum;v++)  /*初始化s、dist 和path这3个数组*/
    {
        s[v]=0;dist[v]=g.arcs[v₀][v];
        if (dist[v]<MAXINT && v!=v0) path[v]=v0;
                                /* MAXINT 为int 类型的最大值*/
        else  path[v]=-1;
    }
    dist[v0]=0;  s[v0]=1;          /*初始时源点v0∈S集*/
    /*循环求v₀到某个顶点v的最短路径,并将v加入S集*/
    for (i=0;i< g.vexnum-1;i++)
    {
        min=MAXINT;           /*MAXINT 是一个足够大的数*/
        v=-1;  /*v 记录找到的最小距离的顶点序号*/
        for (w=0;w<g.vexnum;w++)
            if(!s[w]&& dist[w]<min) /*顶点w不属于S且离v0更近*/
            {
                v=w;
                min=dist[w];
            }
        if (v!=-1) /*找到最小距离的顶点v*/
        {
            s[v]=1;           /*顶点v并入S*/
            for (j=0;j<g.vexnum;j++)
                            /*更新当前最短路径及距离*/
            if(!s[j] && (min+g.arcs[v][j]<dist[j]))
                {
                    dist[j]=min+g.arcs[v][j];
                    path[j]=v;
                }/*if */
        }/*if*/
    } /*for */
}/*Dijkstra */
```

C#

```
    /*求有向网g的从顶点v0到其余顶点v的最短路径,path[v]是v0到v的最短路径上v的前驱
顶点,dist[v]是路径长度*/
    public static void Dijkstra(AdjMatrix g, int v0, int[] path, int[] dist)
    {
        int[] s = new int[AdjMatrix.MaxSize]; /* MaxSize 顶点个数*/
        for (int v = 0; v < g.vexnum; v++) /*初始化s、dist 和path这3个数组*/
        {
            s[v] = 0; dist[v] = g.arcs[v0, v];
            if (dist[v] < int.MaxValue && v != v0) path[v] = v0;
            /* MAXINT 为int 类型的最大值*/
            else path[v] = -1;
```

```
    }
    dist[v0] = 0; s[v0] = 1;                    /*初始时源点 v0∈S 集*/
    /*循环求 v0 到某个顶点 v 的最短路径,并将 v 加入 S 集*/
    for (int i = 0; i < g.vexnum - 1; i++)
    {
        int min = int.MaxValue;                 /*MAXINT 是一个足够大的数*/
        int v = -1;                             /*v 记录找到的最小距离的顶点序号*/
        for (int w = 0; w < g.vexnum; w++)
            if (s[w] != 0 && dist[w] < min)     /*顶点 w 不属于 S 且离 v0 更近*/
            { v = w; min = dist[w]; }
        if (v != -1)                            /*找到最小距离的顶点 v*/
        {
            s[v] = 1;                           /*顶点 v 并入 S*/
            for (int j = 0; j < g.vexnum; j++)
                                                /*更新当前最短路径及距离*/
                if (s[j] != 0 && (min + g.arcs[v, j] < dist[j]))
                {
                    dist[j] = min + g.arcs[v, j];
                    path[j] = v;
                }/*if */
        }/*if*/
    } /*for */
}/*Dijkstra */
```

Java

```
    void Dijkstra(AdjMatrix g, int v0, int path[], int dist[])
    {
    /*求有向网 g 的从顶点 v0 到其余顶点 v 的最短路径,path[v] 是 v0 到 v 的最短路径上 v 的
前驱顶点,dist[v] 是路径长度*/
        int  s[MaxSize], v;                 /* MaxSize 顶点个数*/
        for (int v=0;v<g.vexnum;v++)        /*初始化 s、dist 和 path 这 3 个数组*/
        {
            s[v]=0;dist[v]=g.arcs[v0][v];
            if (dist[v]<MAXINT && v!=v0) path[v]=v0;
                                            /* MAXINT 为 int 类型的最大值*/
            else  path[v]=-1;
        }
        dist[v0]=0;  s[v0]=1;               / *初始时源点 v0∈S 集* /
        /*循环求 v0 到某个顶点 v 的最短路径,将 v 加入 S 集* /
        for (int i=0;i< g.vexnum-1;i++)
        {
            int min=MAXINT;                 /*MAXINT 是一个足够大的数*/
            int v=-1;                       /*v 记录找到的最小距离的顶点序号*/
            for (w=0;w<g.vexnum;w++)
                if(!s[w]&& dist[w]<min)     / *顶点 w 不属于 S 且离 v0 更近*/
```

```
            {
                v=w;  min=dist[w];
            }
            if (v!=-1)                    /*找到最小距离的顶点 v*/
            {
                s[v]=1;                   /*顶点 v 并入 S*/
                for (j=0;j<g.vexnum;j++)
                                          /*更新当前最短路径及距离*/
                if(!s[j] && (min+g.arcs[v][j]<dist[j]))
                {   dist[j]=min+g.arcs[v][j];
                    path[j]=v;
                }/*if */
            }/*if*/
        }/*for */
    }/*Dijkstra */
```

通过 path[i]向前推导直到 v_0 为止，可以找出从 v_0 到顶点 v_i 的最短路径。例如，对于图 7.12(a) 的有向网络，按上述算法计算出的 path 数组的值见表 7-2。

表 7-2   path 的数组值与下标的排列

0	1	2	3	4	5	6
-1	0	1	2	3	0	5

求顶点 v_0 到顶点 v_3 的最短路径的计算过程为：path[3]=2，说明路径上顶点 v_3 之前的顶点是顶点 v_2；path[2]=1，说明路径上顶点 v_2 之前的顶点是顶点 v_1；path[1]=0，说明路径上顶点 v_1 之前的顶点是顶点 v_0。则顶点 v_0 到顶点 v_3 的路径为 v_0、v_1、v_2、v_3。

迪杰斯特拉算法中有两个循环次数为顶点个数 n 的嵌套循环，所以其时间复杂度为 $O(n^2)$。

输出最短路径的算法描述如下：

C

```
void PrintPath(int v0, int p[], int d[], int vexnum)
{
    /*输出源点 v0 到其余顶点的最短路径和路径长度,路径逆序输出*/
    for (i=0;i<vexnum;i++)
        if(d[i]<MAXINT &&i!=v0)
        {
            printf("v%d<--",i);
            next=p[i];
            while (next!=v0)
            {
                printf("v%d<--",next);
                next=p[next];
            }
            printf("v%d: %d\n", v0,d[i]);
        }
```

```
        else
            if (i!=v0) printf("v%d <--v%d:nopath\n",i,v0);
}/* PrintPath */
```

C#

```
/*输出源点 v0 到其余顶点的最短路径和路径长度,路径逆序输出*/
public static void PrintPath(int v0, int[] p, int[] d)
{
    int vexnum = p.Length;
    int next;
    for (int i = 0; i < vexnum; i++)
        if (d[i] < int.MaxValue && i != v0)
        {
            Console.WriteLine("v{0}<--", i);
            next = p[i];
            while (next != v0)
            {
                Console.WriteLine("v{0}<--", next);
                next = p[next];
            }
            Console.WriteLine("v" + v0 + ":" + d[i]);
        }
        else
            if (i != v0)
                Console.WriteLine("v{0}<--v{1}:nopath\n", i, v0);
    Console.WriteLine("v" + i + " <--v" + v0 + ": nopath");
}/* PrintPath */
```

Java

```
void PrintPath(int  v0, int  p[], int  d[])
{
    /*输出源点 v0 到其余顶点的最短路径和路径长度,路径逆序输出*/
    int  vexnum = p.length;
    for (i=0;i<vexnum;i++)
        if(d[i]<MAXINT &&i!= v0)
        {
        System.out.print(v+i);
        next=p[i];
        while (next!= v0)
        {
            System.out.print(v+ next);
            next=p[next];
        }
        System.out.println("v"+ v0+":"+ d[i]);
        }
```

```
    else
        if (i!=v0) printf("v%d <--v%d:nopath\n",i,v0);
    System.out.println("v"+i+" <--v"+v0+": nopath");
}/* PrintPath */
```

对于图 7.12(a)的有向网络，其邻接矩阵如式 7-7 所示，利用 Dijkstra 算法计算从顶点 v0 到其他各顶点的最短路径的动态执行情况见表 7-3，最后的输出结果是：

```
v1<-- v0:8
v2<-- v1<-- v0:13
v3 <--v2 <--v1<-- v0:19
v4 <-- v3 <--v2 <--v1<-- v0:21
v5<--v0 : 13
v6<-- v5<-- v0:20
```

$$\begin{pmatrix} \infty & 8 & \infty & 30 & \infty & 13 & 32 \\ & & 5 & & & & \\ & & & 6 & & & \\ & & & & 2 & & \\ & & & & & & \\ & & & & 9 & & 7 \\ & & & & 17 & & \end{pmatrix} \tag{7-7}$$

表 7-3　从源点 v_0 到其余各顶点的最短路径的动态执行情况

循环	集合 s	v	距离数组 dist							路径数组 path						
			0	1	2	3	4	5	6	0	1	2	3	4	5	6
初始化	{v₀}		0	8	∞	30	∞	13	32	−1	0	−1	0	−1	0	0
1	{v₀,v₁}	v₁	0	8	13	30	∞	13	32	−1	0	1	0	−1	0	0
2	{v₀,v₁,v₂}	v₂	0	8	13	19	∞	13	32	−1	0	1	2	−1	0	0
3	{v₀,v₁,v₂,v₅}	v₅	0	8	13	19	∞	13	20	−1	0	1	2	5	0	5
4	{v₀,v₁,v₂,v₅,v₃}	v₃	0	8	13	19	22	13	20	−1	0	1	2	3	0	5
5	{v₀,v₁,v₂,v₅,v₃,v₆}	v₆	0	8	13	19	21	13	20	−1	0	1	2	3	0	5
6	{v₀,v₁,v₂,v₅,v₃,v₆,v₄}	v₄	0	8	13	19	21	13	20	−1	0	1	2	3	0	5

给出一个含有 n 个顶点的带权有向图，求其每一对顶点之间的最短路径。解决这个问题的一种方法是：每次以一个顶点为源点，执行迪杰斯特拉算法，求得从该顶点到其他各顶点的最短路径；重复执行 n 次之后，就能求得从每一个顶点出发到其他各顶点的最短路径。

7.6 拓 扑 排 序

赤壁之战后，周瑜志得意满，东吴夸口："周郎妙计安天下，南阳诸葛恨不如"。诸葛亮听到这些，心下恼恨，整天冥思苦想，意欲除掉周瑜这个盖过他锋芒的年轻小子。这天有探子来报：周瑜攻打曹操的南郡，被曹仁的毒箭射伤了，诸葛亮一听，喜上眉梢，对刘备说："这次周瑜死定了。"刘备说只是箭伤，已经加紧治疗，周瑜不会死，但见诸葛先生笑而不语，刘备知道诸葛先生已经胸有成竹，便不再多问，只道听诸葛先生的便是。表 7-4 即为诸葛亮三气周瑜的计谋先后顺序，这些先决条件定义了事件之间的先后顺序，这些关系可以用有向无环图来描述，如图 7.13 所示。图中顶点表示事件，有向弧表示事件的先决条件，若事件 i 是事件 j 的先决条件，则图中有弧$<i, j>$。

表 7-4　诸葛亮妙计三气周瑜的事件顺序

事件编号	事件名称	前导事件
C_0	周瑜、曹仁互攻	无
C_1	周瑜中毒箭受伤	无
C_2	赵云夺下南郡城	C_0、C_1
C_3	诸葛亮用计夺荆州、襄阳	C_2、C_4
C_4	周瑜带伤攻打荆州	C_1
C_5	失掉城池，急怒攻心，周瑜箭伤发作，一气	C_3、C_4
C_6	周瑜骗刘备来东吴与孙权妹妹假成亲，结果却赔了夫人，二气	C_3、C_8
C_7	周瑜无法接应，导致孙权不敌曹军	C_0
C_8	诸葛亮锦囊妙计化解危机，周瑜气死，三气	C_7

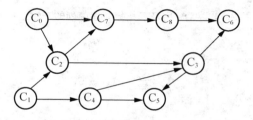

图 7.13　表示事件之间先后关系的有向无环图

几乎做所有的事情都有一定的先后顺序，某些事情的发生必须以别的事情完成为先决条件。诸葛先生应按怎样的顺序实施他的计谋，才能顺利地完成心愿，这就是拓扑排序的定义。若在图中用顶点表示事件，用有向边表示事件间的先后顺序，这样的有向图被称为 AOV 网 (Activity On Vertex Network)。在 AOV 网中，若$<i, j>$是网中的一条弧，则称顶点 i 优先于顶点 j，i 是 j 的直接前驱，或称 j 是 i 的直接后继。一个顶点如果没有前驱，则该顶点所表示的事件可独立于整个大事件，即该事件的发生不受其他事件的约束。否则，一个事件的发生必须以其前驱所代表的事件的发生为前提条件。

AOV 网中不允许有回路，否则意味着某项活动以自己为先决条件，工作将永远做不完，这是不允许的。把 AOV 网络中各顶点按照它们相互之间的优先关系排列成一个线性序列的过程叫拓扑排序。检测 AOV 网中是否存在环方法为对有向图构造其顶点的拓扑有序序列，若网中所有顶点都在它的拓扑有序序列中，则该 AOV 网必定不存在环。

对 AOV 网进行拓扑排序的方法和步骤如下。

(1) 在有向图中选一个没有前驱(入度为 0)的顶点并且输出它。

(2) 从图中删去该顶点和所有以该顶点为弧尾的弧。

重复上述两步，直至全部顶点均被输出，或者当前网中不再存在没有前驱的顶点为止。操作结果的前一种情况说明网中不存在有向回路，拓扑排序成功；后一种情况说明网中存在有向回路。

图 7.14 给出了一个按上述步骤求 AOV 网的拓扑序列的例子。

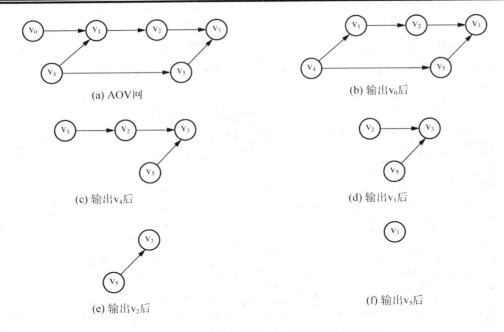

图 7.14　AOV 网及其拓扑有序序列的产生过程

这样得到的一个拓扑序列为：v_0，v_4，v_1，v_2，v_5，v_3。

本 章 小 结

本章首先简要介绍了图的概念，然后介绍图的邻接矩阵存储结构，接着介绍了图的两种遍历方式、建立最小生成树的方法、求网中任意两点之间的最短路径和拓扑排序的方法，最后，本章给出了相关的应用案例，加深了学生对图结构的理解。

本 章 实 训

实训：用图的方法设计过河方案

关羽带着刘备的家人被十几万曹军团团围住，不得已投降了曹操。曹操很赏识关羽，把日行千里的赤兔马送给了他。曹操派张辽监视关羽，张辽特别喜欢良马。他非常嫉妒关羽，总想把赤兔马弄到手。

一天关羽和张辽、一匹赤兔马和刘备的家人一行，想从河的左岸到右岸。但由于赤兔马只对关羽驯服，如果没有关羽，赤兔马不让别人骑它，如果没有关羽在旁，张辽会偷掉马，马还会踢刘备家人，甚至走丢。设计一个方案，使关羽能把每样东西都安全地送过河。

实训目的

用图的方法设计过河方案，输入表示安全状态转换的图，输出过河方案。

实训环境

(1) 硬件：普通计算机。

(2) 软件：Windows 系统平台；VC++ 6.0/Eclipse/Visio Studio。

实训内容

从表面上看,这个问题并不是一个图的问题,但可以把它用图表示出来,从而转换为一个图的问题。在这个问题的解决过程中,关羽需要多次骑马往返于两岸之间,每次可以带一个人或者自己单独过河,每一次过河都会使自己、张辽、马和刘备家人所处的位置发生变化。如果用一个四元组(GuanYu,ZhangLiao,Horse,Family)表示当前关羽、张辽、马和刘备家人所处的位置,其中每个元素可以是 0 或 1,0 表示在左岸,1 表示在右岸。这样,对这 4 个元素的不同取值可以构成 16 种不同的状态,初始时的状态则为(0,0,0,0),最终要达到的目标为(1,1,1,1)。状态之间的转换可以有下面 4 种情况。

(1) 关羽不带任何东西过河,可表示为:

(GuanYu,ZhangLiao,Horse,Family)→(!GuanYu,ZhangLiao,Horse,Family)

(2) 当关羽和张辽在相同位置时,表示关羽带张辽过河,即当 GuanYu=ZhangLiao 时:

(GuanYu,ZhangLiao,Horse,Family)→(!GuanYu,!ZhangLiao,Horse,Family)

(3) 当关羽和马在相同位置时,表示关羽带马过河,即当 GuanYu=Horse 时:

(GuanYu,ZhangLiao,Horse,Family)→(!GuanYu,ZhangLiao,!Horse,Family)

(4) 当关羽和刘备家人在相同位置时,表示关羽带刘备家人过河,即当 GuanYu= Family 时:

(Guan Yu,ZhangLiao,Horse,Family)→(!Guan Yu,ZhangLiao,Horse,!Family)

其中:!代表非运算,即对于任何元素 x,有:

$$!x = \begin{cases} 1 & \text{当} x = 0 \text{时} \\ 0 & \text{当} x = 1 \text{时} \end{cases}$$

在这 16 种状态中,有些状态是不安全的,是不允许出现的,如(1,0,0,1)表示关羽和刘备家人在右岸,而张辽和马在左岸,这样张辽会偷走马。如果从 16 种状态中删去这些不安全状态,将剩余的安全状态之间根据上面的转换关系连接起来,就得到如图 7.15 所示的图。

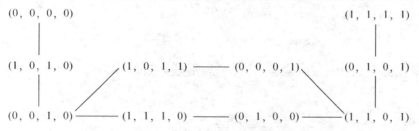

图 7.15 渡河问题的状态图

这样,原始问题就转换为在图 7.15 中寻找一条从顶点(0,0,0,0)到顶点(1,1,1,1)的路径问题。

采用邻接矩阵存储结构。其中图中的每个顶点结点包括 4 个域,类型描述为:

C

```
# define MaxSize 20      /*最大顶点个数*/
/*定义图的顶点类型*/
typedef struct
{
    int GuanYu, ZhangLiao, Horse, Family;
}VexType;
/*图的邻接矩阵存储结构定义为: */
typedef struct
{
```

```
        VexType  vexs[MaxSize];              /*顶点数组*/
        int  arcs[MaxSize][ MaxSize];        /*邻接矩阵*/
        int  vexnum, arcnum;                 /*图的当前顶点数和边数*/
    } AdjMatrix;
```

Java

```
    class VexType{
        int GuanYu, ZhangLiao, Horse, Family;
    }
    class AdjMatrix{
        final int MaxSize = 20;
        VexType  vexs[] =new VexType[MaxSize];        /*顶点数组*/
        int[][]  arcs = new int[MaxSize][ MaxSize];   /*邻接矩阵*/
        int  vexnum, arcnum;                          /*图的当前顶点数和边数*/

    }
```

在这个问题中，首先需要自动生成图的邻接矩阵，具体方法是先生成各种安全状态结点，存放在顶点数组中；再根据状态之间的转换关系形成顶点之间的所有边，保存在邻接矩阵中。在建立了图的邻接矩阵存储结构后，利用深度优先搜索思想求出从顶点(0，0，0，0)至顶点(1，1，1，1)的一条简单路径。

一共分 7 个模块：①Locate( )函数，查找顶点的序号；②IsSafe( )函数，判断顶点所表示的状态是否安全；③IsConnected( )函数，判断两个状态之间是否可以转换；④GreateGraph( )函数，建立图的邻接矩阵；⑤PrintPath( )函数，输出路径；⑥DFSPath( )函数，求两个顶点之间的路径；⑦main( )函数，调用各函数完成功能。

参考答案如下：

C

```
    # define MaxSize  20              /*最大顶点个数*/
    /*定义图的顶点类型*/
    typedef struct
    {
        int GuanYu, ZhangLiao, Horse, Family;
    }VexType;
    /*图的邻接矩阵存储结构定义为: */
    typedef struct
    {
        VexType vexs[MaxSize];          /*顶点数组*/
        int  arcs[MaxSize][MaxSize];    /*邻接矩阵*/
        int  vexnum, arcnum;            /*图的当前顶点数和边数*/
    } AdjMatrix;
    int visited[MaxSize];
    int path [MaxSize];
    AdjMatrix  g,                       /*定义邻接矩阵为全局变量*/
    int  Locate(int F, int W, int S, int V)
```

```
{/*查找顶点(F,W,S,V)在顶点数组中的位置*/
    int i;
    for (i=0;i<g.vexnum; i++)
        if (g.vexs[i].GuanYu==F&&g.vexs[i].ZhangLiao==W&&
            g.vexs[i].Horse==S&&g.vexs[i].Family==V)
            return(i);
        return(-1);
}/* Locate */
int IsSafe(int F, int W, int S, int V)
/*判断状态(F,W,S,V)是否安全*/
{
    if (F!=S&&(W==S||S==V))
        return(0);
    else
        return(1);
} /*IsSafe*/
int IsConnected(int i, int j)
{/*检查第 i 个和第 j 个状态之间是否可转换*/
    int k;
    k=0;
    if (g.vexs[i].ZhangLiao!=g.vexs[j].ZhangLiao)
        k++;
    if (g.vexs[i].Horse!=g.vexs[j].Horse)
        k++;
    if (g.vexs[i].Family!=g.vexs[j].Family)
        k++;
    if (g.vexs[i].GuanYu!=g.vexs[j].GuanYu&&k<=1)
        return(1);
        else
        return(0);
}/* IsConnected */
void CreateGraph()                    /*创建邻接矩阵*/
{   int i, j, F, W, S, V;
    i=0;
    for (F=0; F<=1; F++)              /*形成所有安全的状态结点*/
        for (W=0; W<=1; W++)
            for (S=0; S<=1; S++)
                for (V=0; V<=1; V++)
                    if (IsSafe(F, W, S, V))
                        {g.vexs[i].GuanYu=F;
                        g.vexs[i].ZhangLiao=W;
                        g.vexs[i].Horse=S;
                        g.vexs[i].Family=V;
                        i++;
```

```
                                     }
    g.vexnum=i;
    for (i=0; i<g.vexnum; i++)
        for (j=0; j<g.vexnum; j++)
            if ( IsConnected(g, i, j))
                g.arcs[i][j]=g.arcs[j][i]=1;
            else
                g.arcs[i][j]=g.arcs[j][i]=0;
return;
}/* CreateGraph */
void PrintPath(int u, int v)
    /*输出从 u 到 v 的简单路径*/
{
    int k;
    k=u;
    while ( k!=v )
    {
        printf ("(%d,%d,%d,%d)\n", g.vexs[k].GuanYu,
        g.vexs[k].ZhangLiao, g.vexs[k].Horse, g.vexs[k].Family);
        k=path[k];
    }
    printf("(%d,%d,%d,%d)\n", g.vexs[k].GuanYu, g.vexs[k].ZhangLiao,
    g.vexs[k].Horse, g.vexs[k].Family);
}/* PrintPath */
void DFSPath(int u, int v)
/*利用深度优先搜索思想求从 u 到 v 的简单路径*/
{
    int j;
    visited[u]=1;
    for (j=0; j<g.vexnum; j++)
    if (g.arcs[u][j]&& !visited[j]&& !visited[v])
    {
        path[u]=j;
        DFSPath(g, j,v);
    }
}/* DFSPath */
/*输出过河的路径*/
void  main()
{
    int i, j;
    //AdjMatrix graph;
    CreateGraph();
    for (i=0; i<g.vexnum; i++)
        visited[i]=0;
```

```
            i=Locate(0,0,0,0);
            j=Locate(1,1,1,1);
            DFSPath(i,j);
            if (visited[j])
            {
                printf("The path is:\n");
                PrintPath(i, j);
            }
    }/*main*/
```

C#

```
    public class  VexType
        {
            public int GuanYu, ZhangLiao, Horse, Family;
        }
    public class AdjMatrix
        {
            public static int MaxSize = 20;
            public VexType[] vexs = new VexType[MaxSize];        /*顶点数组*/
            public int[,] arcs = new int[MaxSize, MaxSize];       /*邻接矩阵*/
            public int vexnum, arcnum;                 /*图的当前顶点数和边数*/
        }
    public class Test
        {
            public static int MaxSize = 20;
            public static int[] visited = new int[20];
            public static int[] path = new int[20];

            /*查找顶点(F,W,S,V)在顶点数组中的位置*/
            public static int Locate(AdjMatrix g, int F, int W, int S, int V)
            {
                int i;
                for (i = 0; i < g.vexnum; i++)
                    if (g.vexs[i].Horse ==F && g.vexs[i].ZhangLiao ==W && g.vexs[i].
Horse == S && (int)g.vexs[i].Family == V)
                        return (i);
                return (-1);
            }/* Locate */

            /*判断状态(F,W,S,V)是否安全*/
            public static int IsSafe(int F, int W, int S, int V)
            {
                if (F!=S&&(W==S||S==V))
                    return (0);
                else
```

```
        return (1);
} /*IsSafe*/

/*检查第 i 个和第 j 个状态之间是否可转换*/
public static int IsConnected(AdjMatrix g, int i, int j)
{
    int k;
    k = 0;
    if (g.vexs[i].ZhangLiao != g.vexs[j].ZhangLiao)
        k++;
    if (g.vexs[i].Horse != g.vexs[j].Horse)
        k++;
    if (g.vexs[i].Family != g.vexs[j].Family)
        k++;
    if (g.vexs[i].GuanYu != g.vexs[j].GuanYu && k <= 1)
        return (1);
    else
        return (0);
}/* IsConnected */

public static void CreateGraph(AdjMatrix g)    /*创建邻接矩阵*/
{
    int i, j, F, W, S, V;
    i = 0;
    for (F = 0; F <= 1; F++)                        /*形成所有安全的状态结点*/
        for (W = 0; W <= 1; W++)
            for (S = 0; S <= 1; S++)
                for (V = 0; V <= 1; V++)
                    if (IsSafe(F, W, S, V) == 1)
                    {
                        g.vexs[i].GuanYu = F;
                        g.vexs[i].ZhangLiao = W;
                        g.vexs[i].Horse = S;
                        g.vexs[i].Family = V;
                        i++;
                    }
    g.vexnum = i;
    for (i = 0; i < g.vexnum; i++)
        for (j = 0; j < g.vexnum; j++)
            if (IsConnected(g, i, j) == 1)
                g.arcs[i, j] = g.arcs[j, i] = 1;
            else
                g.arcs[i, j] = g.arcs[j, i] = 0;
    return;
```

```
    }/* CreateGraph */

    /*输出从 u 到 v 的简单路径*/
    public static void PrintPath(AdjMatrix g, int u, int v)
    {
        int k;
        k = u;
        while (k != v)
        {
        Console.WriteLine("({0},{1},{2},{3})\n",        g.vexs[k].GuanYu,
g.vexs[k].ZhangLiao, g.vexs[k].Horse, g.vexs[k].Family);
            k = path[k];
        }
        Console.WriteLine("({0},{1},{2},{3})\n", g.vexs[k].GuanYu, g.vexs[k].
ZhangLiao, g.vexs[k].Horse, g.vexs[k].Family);
    }/* PrintPath */

    /*利用深度优先搜索思想求从 u 到 v 的简单路径*/
    public static void DFSPath(AdjMatrix g,int u, int v)
    {
        int j;
        visited[u] = 1;
        for (j = 0; j < g.vexnum; j++)
            if (g.arcs[u,j] != 0 && (visited[j] == 0) && (visited[v] == 0))
            {
                path[u] = j;
                DFSPath(g,j, v);
            }
    }/* DFSPath */

    /*输出过河的路径*/
    public static void Main()
    {
        int i, j;
        //AdjMatrix graph;
        AdjMatrix g=new AdjMatrix ();
        CreateGraph(g);
        for (i = 0; i < g.vexnum; i++)
          visited[i] = 0;
        i = Locate(g,0, 0, 0, 0);
        j = Locate(g,1, 1, 1, 1);
        DFSPath(g,i, j);
        if (visited[j] != 0)
        {
```

```
            Console.WriteLine("The path is:\n");
            PrintPath(g,i, j);
        }
    }/*main*/
}
```

Java

```java
public class Test {
    final int  MaxSize=20;
    int visited[] = new int[20];
    int path [] =new int[20];
    AdjMatrix  g;                          /*定义邻接矩阵为全局变量*/
    int  Locate(int F, int W, int S, int V)
    {/*查找顶点(F,W,S,V)在顶点数组中的位置*/
     int i;
     for (i=0;i<g.vexnum; i++)
        if (g.vexs[i].GuanYu==F&&g.vexs[i].ZhangLiao==W&&
            g.vexs[i].Horse==S&&g.vexs[i].Family==V)
        return(i);
    return(-1);
    }/* Locate */
    int  IsSafe(int F, int W, int S, int V)
    /*判断状态(F,W,S,V)是否安全*/
    {   if (F!=S&&(W==S||S==V))
        return(0);
      else
        return(1);
    } /*IsSafe*/
    int  IsConnected(int i, int j)
    {/*检查第 i 个和第 j 个状态之间是否可转换*/
        int k;
        k=0;
        if (g.vexs[i].ZhangLiao!=g.vexs[j].ZhangLiao)
          k++;
        if (g.vexs[i].Horse!=g.vexs[j].Horse)
          k++;
        if (g.vexs[i].Family!=g.vexs[j].Family)
          k++;
        if (g.vexs[i].GuanYu!=g.vexs[j].GuanYu&&k<=1)
          return(1);
        else
          return(0);
    }/* IsConnected */
    void  CreateGraph()              /*创建邻接矩阵*/
    {  int i, j, F, W, S, V;
```

```
    i=0;
    for (F=0; F<=1; F++)        /*形成所有安全的状态结点*/
      for (W=0; W<=1; W++)
        for (S=0; S<=1; S++)
          for (V=0; V<=1; V++)
            if (IsSafe(F, W, S, V)==1)
              {g.vexs[i].GuanYu=F;
               g.vexs[i].ZhangLiao=W;
               g.vexs[i].Horse=S;
               g.vexs[i].Family=V;
               i++;
              }
g.vexnum=i;
for (i=0; i<g.vexnum; i++)
   for (j=0; j<g.vexnum; j++)
     if ( IsConnected( i, j)==1)
       g.arcs[i][j]=g.arcs[j][i]=1;
     else
       g.arcs[i][j]=g.arcs[j][i]=0;
return;
}/* CreateGraph */
void PrintPath(int u, int v)
  /*输出从 u 到 v 的简单路径*/
{
int k;
k=u;
   while ( k!=v )
   {
System.out.printf("(%d,%d,%d,%d)\n", g.vexs[k].GuanYu,
      g.vexs[k].ZhangLiao, g.vexs[k].Horse, g.vexs[k].Family);
      k=path[k];
   }
System.out.printf("(%d,%d,%d,%d)\n", g.vexs[k].GuanYu, g.vexs[k].ZhangLiao,
   g.vexs[k].Horse, g.vexs[k].Family);
}/* PrintPath */
void DFSPath(int u, int v)
/*利用深度优先搜索思想求从 u 到 v 的简单路径*/
{
    int j;
    visited[u]=1;
```

```
            for (j=0; j<g.vexnum; j++)
            if (g.arcs[u][j]!=0 && (visited[j]==0) && (visited[v]==0))
            {
        path[u]=j;
                DFSPath(j,v);
            }
    }/* DFSPath */
    /*输出过河的路径*/
    void  main()
    {
    int i, j;
        //AdjMatrix graph;
        CreateGraph();
        for (i=0; i<g.vexnum; i++)
          visited[i]=0;
        i=Locate(0,0,0,0);
        j=Locate(1,1,1,1);
        DFSPath(i,j);
        if (visited[j]!=0)
          {
    System.out.printf("The path is:\n");
            PrintPath(i, j);
          }
    }/*main*/

    public static void main(String[] args) {
        // TODO Auto-generated method stub
        new Test().main();
    }

}
class VexType{
    int GuanYu, ZhangLiao, Horse, Family;
}
class AdjMatrix{
    final int MaxSize = 20;
    VexType  vexs[] =new VexType[MaxSize];        /*顶点数组*/
    int[][]  arcs = new int[MaxSize][ MaxSize]; /*邻接矩阵*/
    int  vexnum,  arcnum;                        /*图的当前顶点数和边数*/

}
```

本 章 习 题

1. 填空题

(1) 若无向图采用邻接矩阵存储方法，该邻接矩阵为一个＿＿＿＿＿＿＿矩阵。

(2) 一个具有 n 个顶点的有向完全图的弧数为＿＿＿＿＿＿＿。

(3) 在一个图中，所有顶点的度数之和等于所有边的数目的＿＿＿＿＿＿倍。

(4) 图的深度优先搜索方法类似于二叉树的＿＿＿＿＿＿＿遍历，图的广度优先搜索方法类似于二叉树的＿＿＿＿＿＿＿遍历。

(5) 具有 n 个顶点的无向图至少要有＿＿＿＿＿＿＿条边才能保证其连通性。

(6) 一个无向连通图有 5 个顶点 8 条边，则其生成树将要去掉＿＿＿＿＿＿＿条边。

2. 选择题

(1) 具有 n 个顶点的无向完全图的弧数为(　　)。

　　A．n(n−1)/2　　　　B．n(n−1)　　　　C．n(n+1)/2　　　　D．n/2

(2) 下列有关图遍历的说法中不正确的是(　　)。

　　A．连通图的深度优先搜索是一个递归过程

　　B．图的广度优先搜索中邻接点的寻找具有"先进先出"特征

　　C．非连通图不能用深度优先搜索法

　　D．图的遍历要求每一顶点仅被访问一次

3. 简答题

(1) 设有向图为 G =(V，E)。其中，V={v_1，v_2，v_3，v_4}，E={<v_2，v_1>，<v_3，v_1>，<v_4，v_3>，<v_4，v_2>，<v_1，v_4>}。

① 画出该图 G。

② 写出该图的邻接矩阵表示。

③ 分别写出每个顶点的入度和出度。

(2) 一有向网如下所示，根据最短路径算法，求出该有向网从顶点 v_1 到其他各顶点长度递增的最短路径。

$$\text{cost} = \begin{pmatrix} 0 & 20 & 15 & \infty & \infty & \infty \\ 2 & 0 & 4 & \infty & \infty & \infty \\ \infty & \infty & 0 & \infty & \infty & 10 \\ \infty & \infty & \infty & 0 & \infty & \infty \\ \infty & \infty & \infty & 15 & 0 & 10 \\ \infty & \infty & \infty & 4 & \infty & 0 \end{pmatrix}$$

(3) 拓扑排序的结果是不唯一的，对于如图 7.13 所示的网，还能写出几种不同的拓扑排序？

(4) 对于如图 7.16 所示的带权连通图，求出它的最小生成树。

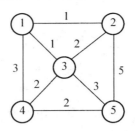

图 7.16　带权连通图

4. 算法设计题

(1) 全国火车路线交通咨询。输入全国城市铁路交通的有关数据，并据此建立交通网络，顶点表示城市，边表示城市之间的铁路，边上的权值表示城市之间的距离。咨询以对话方式进行，由用户输入起始站、终点站，输出为从起始站到终点站的最短路径，并给出中途经过了哪些站点。

(2) 景区导游程序。用无向网表示某景区景点平面图(景点不少于 10 个)，图中顶点表示主要景点，存放景点的编号、名称和简介等信息。图中的边表示景点间的道路，边的权值表示两景点之间的距离等信息。游客通过终端询问可知任意景点的相关信息，任意两个景点间的最短简单路径。游客从景区大门进入，选一条最佳路线，使游客可以不重复地游览各景点，最后回到出口(出口在入口的旁边)，要求如下。

① 从键盘或文件输入导游图。

② 游客通过键盘选择两个景点，输出结果。

③ 输出从入口到出口的最佳路线。

第**8**章 查找之寻找如意兵器

教学目标

查找是针对前几章数据结构的应用，采用顺序、堆栈、二叉树等结构来解决查找的问题。在本章学习情景中，将介绍顺序查找、折半查找、分块查找、二叉排序树查找、哈希表查找等几种基本的查找算法，并分析它们的时间和空间复杂度。

教学要求

知识要点	能力要求	相关知识
顺序查找算法	会用顺序查找方法查找数据	顺序结构
折半查找	会使用折半查找解决有序序列查询问题	有序结构
分块查找	会用分块查找解决数据量较大的查询问题	分块有序
二叉排序树查找	掌握二叉排序树查找的使用条件、优点和不足	二叉树的建立
哈希表查找	会用哈希函数，能够解决一般哈希冲突问题	哈希函数

引例

张飞需要找一件重约 90 斤的如意兵器，他到兵器库去找管事，管事带他一一挑选。如何让张飞最快最方便地查找到自己需要的兵器呢？如果兵器找到了，怎么记录？如果没有找到，又怎么表示？

查找——也称为检索，就是要在大量的数据中找到"特定"的数据。

查找表——将大量的数据组织为某种数据结构，这种数据结构就称为查找表，它由若干记录即数据元素构成，每个记录由若干数据项构成，"特定"的数据是由关键字标识的。

关键字——唯一标识一个记录的一个或一组数据项。在本章中假定关键字由单个数据项构成。

静态查找——若找到了，则返回该记录的相关信息，否则给出"没找到"的信息。这样的查找称为静态查找，相应的查找表称为静态查找表。

动态查找——若找到了，则对该记录做相应的操作(例如修改某些数据项的值、删除该记录等)，否则，将该记录插入到查找表中。这样的查找称为动态查找，相应的查找表称为动态查找表。

本章所有数据元素都包含一个关键字 key，采用如下数据结构：

C
```
#define MaxSize  表长
typedef struct
{
    KeyType key;                /*关键字域*/
    …;                          /*其他域*/
}RecordType[MaxSize] ;
```

C#
```
public class RecordType
{
    public object key;          /*关键字域*/
    //…;                        /*其他域*/
}
```

Java
```
public class RecordType
{
    KeyType key;                /*关键字域*/
    …;                          /*其他域*/
}
```

8.1 顺序查找算法

顺序查找是所有查找中最简单、最直接的方式。假设兵器库的兵器放置顺序表即查找表如下：

$$ST=(45，53，12，3，37，24，90，100，61，78)$$

此时，张飞需要一件重约 90 斤的兵器，兵器部管事要如何帮他查找呢？

8.1.1 顺序查找的描述

上面的题目是个典型的查找算法，即元素表中查找是否存在 90 这个元素。如果存在，则返回其索引；若不存在，则返回-1。

程序的运行，离不开设计良好的数据结构和算法。数据结构指的是采用什么类型的结构存储数据，而算法则是解决问题的思路，程序代码则是对这些思路的体现。在顺序查找算法设计中，通常把要查找的关键字放在 ST 表的 0 位置，然后采用从后往前查找的方法进行查找，即首先：

ST.elem[0].key = key;

接着利用从后往前找的方法，设计出循环查找算法：

```
i = ST.length;
while(!EQ(key, ST.elem[i].key)
--i ;
```

若表中不存在待查元素，则 i=0。

8.1.2　典型算法与分析

在本段内容中，从顺序表的一端开始，把给定的值与顺序表的每个数据元素的关键字的值依次进行比较，若找到，则返回该元素在顺序表中的序号，否则返回-1。

为提高查找效率，在顺序查找时从最后一个位置开始向前查找，并且下标为 0 的位置不存放有用数据，而是存放给定的值，这个位置称为"监视哨"。

算法描述如下：

C

```c
/*返回关键字值等于 k 的数据元素在表 r 中的位置,n 为表中元素的个数*/
int SeqSearch(RecordType r, int n, KeyType k)
{
    i=n;
    r[0].key=k;                    /*监视哨*/
    while (r[i]. key!=k)  i--;
    if (i>0) return (i);           /*查找成功*/
    else    return (-1) ;          /*查找失败*/
}/* SeqSearch */
```

C#

```csharp
/*返回关键字值等于 k 的数据元素在表 r 中的位置*/
public static int SeqSearch(RecordType[] r, object k)
{
    int n = r.Length;             /*n 为表中元素的个数*/
    int i = n;
    r[0].key = k;                 /*监视哨*/
    while (r[i].key != k) i--;
    if (i > 0) return i;          /*查找成功*/
    else return -1;               /*查找失败*/
}/* SeqSearch */
```

Java

```java
/*返回关键字值等于 k 的数据元素在表 r 中的位置*/
int SeqSearch(RecordType[] r, KeyType k)
{
int n = r.length,                 /*n 为表中元素的个数*/
i=n;
    r[0].key=k;                   /*监视哨*/
    while (r[i]. key!=k)  i--;
    if (i>0) return (i);     /*查找成功*/
    else    return (-1) ;    /*查找失败*/
}/* SeqSearch */
```

算法分析：

$$MSL=n+1$$

顺序查找成功时最多比较次数为 n，即查找成功时的最大查找长度(Maximum Search Length，MSL)为 n；查找不成功时的最多比较次数为 n+1，即查找不成功时的最大查找长度为 n+1。在平均情况下，设表中每个元素的查找概率相等，即

$$p_i = \frac{1}{n}$$

由于查找第 i 个记录需要比较(n-i+1)次，即 c_i=n-i+1，则平均查找长度(Average Search Length，ASL)为：

$$ASL = \sum_{i=1}^{n} p_i c_i = \frac{1}{n} \sum_{i=1}^{n} i = \frac{1}{n} \cdot \frac{n(n+1)}{2} = \frac{n+1}{2}$$

公式表明顺序查找的平均查找长度是与记录个数成正比。分析中得到时间复杂度为 O(n)。

8.2 折半查找算法

张飞在找到兵器后，对管事说："你天天什么事情也没做，兵器放置也不合理，你应该按重量从小到大放好，等大家来取！"

管事不敢有半句言语，于是将所有兵器按重量从小到大放置。这就需要用折半查找。

8.2.1 折半查找的描述

折半查找(二分查找)的适用条件：采用顺序存储结构的有序表。

假设给定的一组关键字为(3，6，12，23，30，43，56，64，78，85，98)，要查找重量为 23 的兵器。如果存在，则返回其索引；若不存在，则返回-1。

8.2.2 折半查找分析

折半查找最大特点就是被查找表是一个有序的表，程序每次都可以排除一半不符合条件的数据。

折半查找过程如下。

初始，low=1，high=11，mid=(1+11)/2=6，如图 8.1 所示。

图 8.1 折半查找初始示意图

k 与 r[mid].key 进行比较。由于 k<43，待查元素若存在，必在表的前半部分，即在区间[1，mid-1]范围内，令 high=mid-1，此时，low=1，high=5，重新求得 mid=(1+5)/2=3，如图 8.2 所示。

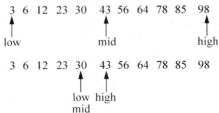

图 8.2 折半查找中 low、mid、high 的变动情况

k 再与 r[mid].key 进行比较，由于 k>12，待查元素若存在，必在当前查找范围的后半部分，即在区间[mid+1，high]范围内，令 low=mid+1，此时，low=4，high=5，重新求得 mid=(4+5)/2=4。接着 k 再与 r[mid].key 进行比较，由于 k=23，所以查找成功，所查找的记录在表中位置为 4。

8.2.3　典型算法与分析

基于有序顺序表的折半查找：设 n 个对象存放在一个有序顺序表中，并按其关键字从小到大存放在一个有序顺序表中。采用折半查找时，先求位于查找区间正中的对象的下标 mid，用其关键字与给定值 key 比较，出现以下 3 种情况。

(1) ST.elem[mid].key ==key，查找成功。

(2) ST.elem[mid].key＞key，把查找区间缩小到表 ST.elem[mid]的前半部分，再继续进行折半查找。

(3) ST.elem[mid].key＜key，把查找区间缩小到表 ST.elem[mid]. key 的后半部分，再继续进行折半查找。

以上过程每比较一次，查找区间缩小一半，如果查找区间已缩小到一个对象，仍未找到想要查找的对象，则查找失败。

算法描述如下：

C

```c
int  BinSearch(RecordType r, int n, KeyType k)
{   /*在有序表 r 中折半查找关键字值等于 k 的数据元素*/
    int low,high,mid;
    low=1;high=n;
    while (low<=high)
    {   mid=(low+high)/2;        /*取表的中间位置*/
        if (k==r[mid].key)
            return (mid);        /*查找成功*/
        else
        if (k<r[mid].key)
            high=mid-1;          /*在左子表中查找*/
        else
            low=mid+1;           /*在右子表中查找*/
    }
    return (-1);                 /*查找失败*/
}/* BinSearch */
```

C#

```csharp
/*返回关键字值等于 k 的数据元素在表 r 中的位置*/
public static int BinSearch(RecordType[] r, object k)
{
    int n = r.Length;                /*n 为表中元素的个数*/
    int low = 0, high = 0, mid = 0;
    low = 1; high = n;
    while (low <= high)
    {
        mid = (low + high) / 2;       /*取表的中间位置*/
        if (k == r[mid].key)
            return mid;               /*查找成功*/
```

```
            else
                if (k < r[mid].key)
                    high = mid - 1;            /*在左子表中查找*/
                else
                    low = mid + 1;             /*在右子表中查找*/
        }
        return -1;                             /*查找失败*/
    }/* BinSearch */
```

Java

```
    /*返回关键字值等于 k 的数据元素在表 r 中的位置*/
    int BinSearch(RecordType[] r, KeyType k)
    {
        int n = r.length,          /*n 为表中元素的个数*/
        int low=0,high=0,mid=0;
        low=1;high=n;
        while (low<=high)
        {
        mid=(low+high)/2;          /*取表的中间位置*/
        if (k==r[mid].key)
            return (mid);          /*查找成功*/
        else
        if (k<r[mid].key)
            high=mid-1;            /*在左子表中查找*/
        else
            low=mid+1;             /*在右子表中查找*/
        }
        return (-1) ;              /*查找失败*/
    }/* BinSearch */
```

折半查找过程可用二叉树描述，每个记录对应二叉树的一个结点，记录的位置作为结点的值，把当前查找范围的中间位置上的记录作为根，左边和右边的记录分别作为根的左子树和右子树，由此得到的二叉树称为描述折半查找的判定树。上述折半查找的判定树如图 8.3 所示。

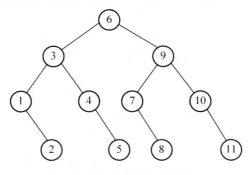

图 8.3　描述折半查找的判定树

有 n 个结点的判定树的深度为 $\lfloor \log_2 n \rfloor +1$，由判定树可以看出，折半查找法在查找过程中进行的比较次数最多不超过其判定树的深度。

设表长

$$n = 2^h - 1, \quad h = \log_2(n+1)$$

设表中每个记录的查找概率相等，即

$$p_i = \frac{1}{n}$$

则：

$$ASL = \sum_{i=1}^{n} p_i c_i = \frac{1}{n} \sum_{i=1}^{n} c_i = \frac{1}{n} \sum_{j=1}^{h} j \cdot 2^{j-1} = \frac{n+1}{n} \log_2(n+1) - 1 \approx \log_2(n+1) - 1$$

所以折半查找算法的时间复杂度为 $O(\log_2 n)$，可见折半查找的效率比顺序查找高很多。

8.3　分块查找算法

赤壁之战刘备大胜，分到不少兵器，管事一看，如果一件一件的和以前的兵器一起排序存放工作量太大。管事想了想，把所有兵器分为 3 堆，24 斤以下的一堆(含 24)，大于 24 小于 53 斤的一堆，最后是大于 53 斤的一堆。

8.3.1　分块查找描述

分块查找又称索引顺序查找，是介于顺序查找和折半查找之间的一种折中的查找方法，它不要求表中所有记录有序，但要求表中记录分块有序，它的基本思想是：首先查找索引表，索引表是有序表，可采用二分查找或顺序查找，以确定待查的结点在哪一块，然后在已确定的块中进行顺序查找，由于块内无序，所以只能用顺序查找。

按照管事的思路，获得一批兵器，其重量如下：

ST=(3，12，24，15，8，32，53，40，38，29，66，70，61，90，86)

其基本表和索引表如图 8.4 所示。

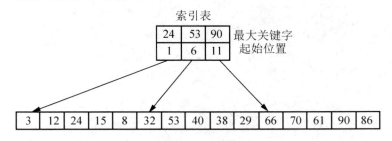

图 8.4　查找表及其索引表

8.3.2　分块查找分析

假设现在要查找重量为 40 的兵器，首先在索引表中查找记录所在的块，因为索引表是有序表，此时既可以使用顺序查找也可以使用折半查找。找到记录所在的块后，再在相应的块中进行查找，由于不要求块中记录有序，因此块中的查找只能是顺序查找。

8.3.3　典型算法与分析

分块查找分两个步骤：首先在索引表中查找所查记录所在的块，这部分可用折半查找；找到记录所在的块后，再在相应的块中进行查找，这部分只能使用顺序查找。

分块查找的平均长度等于两步查找的平均查找长度之和，即

$$ASL_{bs} = L_b + L_w$$

其中：L_b——查找索引表确定所在块的平均查找长度；

L_w——在块中查找元素的平均查找长度。

若将表长为 n 的表平均分成 b 块，每块含 s 个记录，并设表中每个记录的查找概率相等，则有以下结论。

(1) 用顺序查找确定所在块：$ASL_{bs} = \dfrac{1}{b}\sum\limits_{j=1}^{b} j + \dfrac{1}{s}\sum\limits_{i=1}^{s} i = \dfrac{b+1}{2} + \dfrac{s+1}{2} = \dfrac{1}{2}(\dfrac{n}{s} + s) + 1$

(2) 用折半查找确定所在块：$ASL_{bs} \approx \log_2(\dfrac{n}{s} + 1) + \dfrac{s}{2}$

分块查找的效率介于顺序查找和折半查找之间。

8.4 二叉排序树的查找

管事对自己的分块查找很是得意，可是随着兵器越来越多，索引表的维护越来越麻烦，而且表的数据越多，用部分顺序查找的方法也很麻烦。那么能不能用已有的知识实现一个更有效的查找呢？

利用第 6 章讲过的二叉树来构造一棵二叉排序树进行查找，效率将会有很大提高。

8.4.1 二叉排序树描述

二叉排序树(Binary Sort Tree)又称二叉查找树。它或者是一棵空树，或者是具有下列性质的二叉树：①若左子树不空，则左子树上所有结点的值均小于它的根结点的值；②若右子树不空，则右子树上所有结点的值均大于它的根结点的值；③左、右子树也分别为二叉排序树。

例如，给定一张兵器重量表

ST=(50，70，20，10，60，30，80，5，75，35，95)

用二叉排序树的思想建立如图 8.5 所示的二叉树。

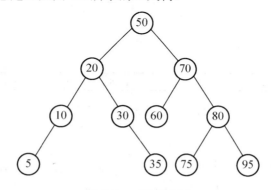

图 8.5 二叉排序树

8.4.2 二叉排序树分析

要在二叉排序树中查找元素，首先必须建立二叉排序树，其次还会用到插入和删除操作，所以整个过程需要以下 4 个步骤。

1．建立

建立一棵二叉排序树的过程就是根据给定的一组关键字，从一棵空树开始，不断插入结点的过程。图 8.6 给出了由关键字序列(50，70，20，10，60，30，80，5，75，35，95)构造二叉排序树的过程。

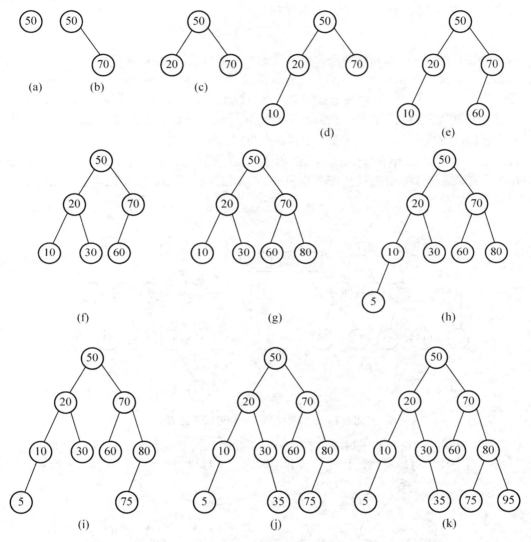

图 8.6　二叉排序树的构造过程

2．查找

假设要在上述二叉排序树中查找重量为 90 斤的兵器，那么需要从根节点开始比较，由于 90＞50，因此查找右子树。再和 70 进行比较，继续查找右子树，以此类推，直到找到 95，发现已经没有该结点，因此查找失败，返回-1。

3．插入

基本思想：若要在二叉排序树中插入一个具有给定关键字值 k 的新结点，先要查找二叉排序树中是否存在关键字值为 k 的结点，只有当二叉排序树中不存在关键字值等于结定值的结点时，即查找失败时，才进行插入操作。此时要根据 k 值的具体情况分别处理。若二叉排序树为空，则插入结点应为根结点；若二叉排序树不空，且该值小于根结点的值，则应往左子树中插入；若二叉排序树不空，且该值大于等于根结点的值，则应往右子树中插入。新插入的结点一定是一个新添加的叶子结点，并且是查找路径上访问的最后一个结点的左孩子或右孩子，插入新结点之后，该二叉树仍然是一棵二叉排序树。

4. 删除

假设兵器被选走了，那么就要删除掉被选走的那个二叉树的结点，不能把以该结点为根的子树都删去，只能删该结点本身，而且要保证删除后所得的二叉树仍是一棵二叉排序树。

删除操作首先进行查找，以确定被删除结点是否在二叉排序树中。假定在查找过程结束时，指针 p 指向待删除的结点，指针 f 指向其双亲结点。下面分 3 种情况进行讨论：①叶子节点；②只有左子树或者只有右子树；③左右子树都不为空。

(1) 若待删除的结点*p 是叶子结点，删除叶子结点不破坏二叉排序树的结构，可直接将其删除，同时修改被删除结点的双亲结点的指针：f->lchild=NULL 或 f->rchild=NULL，如图 8.7 所示。

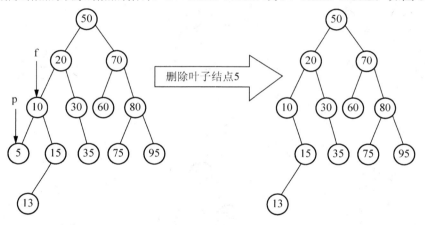

图 8.7　在二叉排序树中删除叶子结点

(2) 若被删除结点只有左子树或只有右子树，此时，只要令其左子树或右子树直接成为 f 的左子树或右子树即可。显然，作此修改并不破坏二叉排序树的特性；如图 8.8 所示。

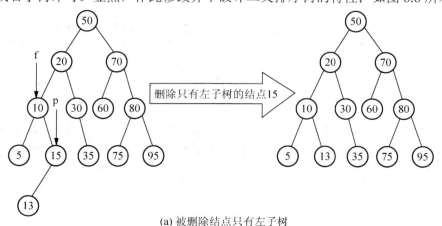

(a) 被删除结点只有左子树

图 8.8　在二叉排序树中删除只有左(右)子树的结点

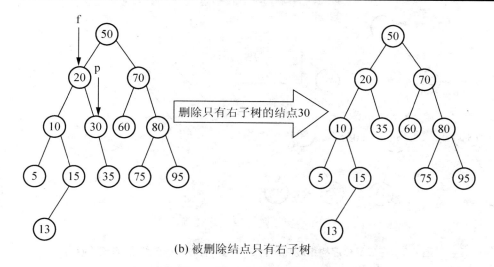

(b) 被删除结点只有右子树

图 8.8　在二叉排序树中删除只有左(右)子树的结点(续)

(3) 若被删除结点*p 的左右子树均不空，在删除该结点前为了保持二叉排序树的结构不变，有以下两种处理方法。

方法 1：根据二叉排序树的特点，可以从*p 结点的左子树中选择关键字最大的结点*s(*s 是结点*p 在中序遍历序列中的直接前驱)或从*p 结点的右子树中选择关键字最小的结点*t(*t 是结点*p 在中序遍历序列中的直接后继)代替被删结点*p，然后再从二叉排序树中删去*p 的直接前驱或后继。以直接前驱为例进行描述，其具体过程如下。

① 被删除结点*p 在中序遍历序列中的直接前驱是沿着*p 的左孩子的右链方向一直找下去，直到找到没有右孩子的结点为止。*p 的中序直接前驱结点*s 一定没有右子树。

② 用直接前驱结点*s 取代被删除结点*p。

③ 删除直接前驱结点*s。若*s 有左子树，令其为*s 的双亲*q 的右子树，如图 8.9(a)所示。

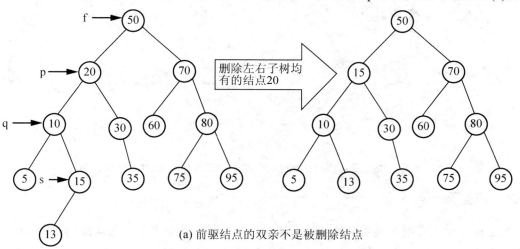

(a) 前驱结点的双亲不是被删除结点

图 8.9　在二叉排序树中删除既有左子树又有右子树的结点(方法 1)

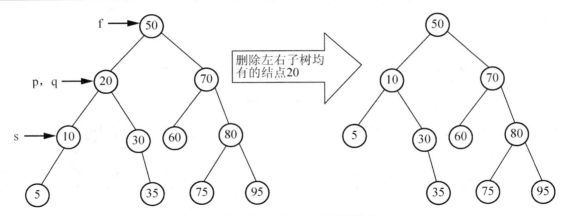

(b) 前驱结点的双亲是被删除结点

图 8.9　在二叉排序树中删除既有左子树又有右子树的结点(方法 1)(续)

> 注意：如果被删结点*p 的直接前驱*s 的双亲*q 就是*p，则令*s 的左子树为*p 的左子树即可。此时*p 的值是已替换后的前驱结点的值，如图 8.9(b)所示。

方法 2：找到结点*p 在中序遍历序列中的直接前驱*s，将*p 的左子树作为结点*f 的左子树，而将*p 的右子树作为结点*s 的右子树，这样以保证二叉排树的特性不会改变，如图 8.10 所示。

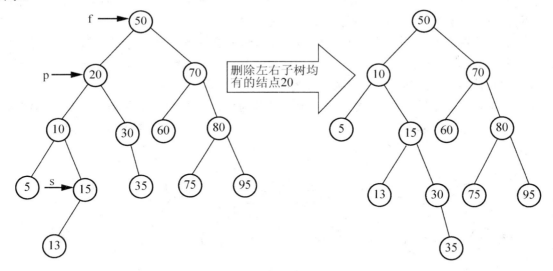

图 8.10　在二叉排序树中删除既有左子树又有右子树的结点(方法 2)

8.4.3　典型算法与分析

二叉排序树上查找某关键字等于结点值的过程，其实就是走了一条从根到该结点的路径。若查找不成功，则是从根结点出发走了一条从根到某个叶子结点的路径。因此二叉排序树的查找与折半查找过程类似。

8.5　哈希表的查找

管事自认为二叉排序树查找已经很方便了，哪知某日张飞又来寻找兵器，管事只是计算兵器放在什么位置就搞了半天。张飞气恼得一脚踢飞了管事，直骂管事没用，要求管事以后找兵器不能超过半个时辰。管事吓得连忙允诺，自去寻找更好的解决办法。

管事冥思苦想了好几天，终于发现，如果兵器的放置位置是通过重量的某些简单运算得来，那么以后取兵器就快了很多，这就是最原始的哈希表。

8.5.1　哈希表查找描述

哈希查找是通过在数据与其内存地址之间建立的关系进行查找的方法。

哈希函数是指将数据和具体物理地址之间建立的对应关系，利用这样的函数可使查找次数大大减少，提高查找效率。

给定一组兵器重量值 ST=(24，8，37，19，55，42)，取哈希函数为 H(k)=k mod 7，则所构造的哈希表如图 8.11 所示。

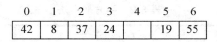

0	1	2	3	4	5	6
42	8	37	24		19	55

图 8.11　哈希表示意图

8.5.2　哈希表查找分析

假设要查找的兵器重量为 19 斤，只需要执行 19 mod 7 =5，所以查看地址为 5 的空间即可，存在返回地址 5。同理，假设要查找的兵器重量为 25 斤，则执行 25 mod 7 = 4，地址为 4 的空间为空，即没有找到兵器，返回-1。

哈希表查找首先需要找到合适的哈希函数，哈希函数的构造在哈希查找中作用非常大，将直接影响数据与物理地址之间的关系，同时也会影响查找的效率。

构造哈希函数的原则是：①函数本身计算简单；②对关键字集合中的任意一个关键字 k，H(k)对应不同地址的概率是相等的，即任意一个记录的关键字通过哈希函数的计算得到的存储地址的分布要尽量均匀，目的是为了尽可能减少冲突。冲突又叫同义词，即当 key1≠key2 时 H(key1)=H(key2)的现象。哈希函数通常是一种压缩映象，所以冲突不可避免，只能尽量减少；同时，冲突发生后，应该有处理冲突的方法。

哈希查找必须解决两个主要问题。

(1) 构造一个计算简单而且冲突尽量少的哈希函数。

(2) 给出处理冲突的方法。

1. 哈希函数的构造方法

1) 直接定址法

构造：取关键字或关键字的某个线性函数作哈希地址，即 H(key)=key 或 H(key)=a*key+b。

例：统计某地区从 1967 年到 2013 年每年出生的人数，列在一张表中。年份为关键字，因共有 47 年，所以表中位置范围是 1~47。

设置 H(k)=k-1966 即可，其中 k 为年份数。

这样的哈希表见表 8-1。

表 8-1　直接定址法

年份	1	2	…	47
	1967	1968		2013
人数	…	…	…	…

若要查 1988 年的出生人数，则根据(1991-1966=22)计算，在表的第 22 个位置即可找到。

特点：直接定址法所得地址集合与关键字集合大小相等，不会发生冲突。实际中能用这种哈希函数的情况很少。

2) 平方取中法

构造：先通过求关键字的平方值来扩大差别，然后再根据地址空间的范围取中间的几位或其组合作为哈希地址。

适于不知道全部关键字情况。例如对于关键字集合{1100，0110，1011，1001，0011}，若将它们平方，然后取中间的 3 位作为哈希地址，则得到的结果见表 8-2。

表 8-2　平方取中法

关键字	关键字平方	哈希地址
1100	1210000	100
0110	0012100	121
1011	1022121	221
1001	1002001	020
0011	0000121	001

注意：如果计算出的哈希函数值不在存储区地址范围内，则要乘一个比例因子，把哈希函数值(哈希地址)放大或缩小，使其落在哈希表的存储地址范围内。

3) 数字分析法

构造：对关键字进行分析，取关键字的若干位或其组合作哈希地址。

适于关键字位数比哈希地址位数大，且可能出现的关键字事先知道的情况。例如有 80 个记录，关键字为 8 位十进制数，哈希地址为 2 位十进制数，如图 8.12 所示。

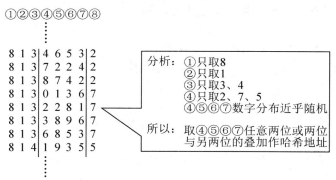

图 8.12　数字分析法示意图

4) 除留余数法

构造：取关键字被某个不大于哈希表表长 m 的数 p 除后所得余数作哈希地址，即 H(key)=key MOD p，p≤m。

特点：简单、常用，可与上述几种方法结合使用。p 的选取很重要；p 选的不好，容易产生同义词。p 应取不大于哈希表长度 m 的素数或者是不包含小于 20 的质因子的合数。例如若 m=1000，则 p 最好取 123、967、997 等素数。

例如，关键字集合为(75，27，44，14，78，50，40)，表长为 11，由上述分析，选择 p=11，即 H(k)=k mod 11，则可得

H(75)=75 mod 11 =9　　　　　　H(27)=27 mod 11 =5

H(44)=44 mod 11 =0　　　　　　H(14)=14 mod 11 =3

H(78)=78 mod 11 =1　　　　　　H(50)=50 mod 11 =6

H(40)=40 mod 11 =7

相应的哈希表为：

44，78，14，27，50，40，75

5) 随机数法

构造：取关键字的随机函数值作为哈希地址，即 H(key)=random(key)。

适于关键字长度不等的情况。

对于各种构造哈希函数的方法，很难一概而论地评价其优劣，实际应用中应根据具体情况采用不同的哈希函数。选取哈希函数，通常考虑 5 个因素：计算哈希函数所需时间、关键字长度、哈希表长度(哈希地址范围)、关键字分布情况、记录的查找频率。

2. 处理冲突的方法

1) 开放定址法

方法：当冲突发生时，形成一个探查序列；沿此序列逐个地址探查，直到找到一个空位置(开放的地址)，将发生冲突的记录放到该地址中，即 Hi=(H(key)+di) MOD m，i=1，2，…，k(k≤m-1)。

其中：H(key)——哈希函数；

　　　m——哈希表表长；

　　　di——增量序列。

分类如下。

(1) 线性探测再散列：di=1，2，3，…，m-1。

(2) 二次探测再散列：di=1^2，-1^2，2^2，-2^2，3^2，…，$\pm k^2$(k≤m/2)。

(3) 伪随机探测再散列：di=伪随机数序列。

例如：表长为 11 的哈希表中已填有关键字为 17，60，29 的记录，H(key)=key MOD 11，现有第 4 个记录，其关键字为 38，按第三种处理冲突的方法，将它填入表中，如图 8.13 所示。

0	1	2	3	4	5	6	7	8	9	10
			38	38	60	17	29	38		

图 8.13　所用到的哈希表

(1) H(38)=38 MOD 11=5　　　　冲突

　　H1=(5+1)MOD 11=6　　　　冲突

　　H2=(5+2)MOD 11=7　　　　冲突

	H3=(5+3)MOD 11=8	不冲突

(2)　H(38)=38 MOD 11=5　　　　　冲突

　　　H1=(5+1^2)MOD 11=6　　　　冲突

　　　H2=(5−1^2)MOD 11=4　　　　不冲突

(3)　H(38)=38 MOD 11=5　　　　　冲突

　　　设伪随机数序列为 9，则：

　　　H1=(5+9) MOD 11=3　　　　不冲突

2) 拉链法

方法：将所有关键字为同义词的记录存储在一个单链表中，并用一维数组存放头指针。

例如：关键字集合为{24，8，37，19，54，68，22，42，71}，表长 m=7，哈希函数为 H(k)=k mod 7，使用拉链法处理冲突，则构造的哈希表如图 8.14 所示。

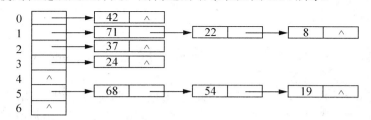

图 8.14　用拉链法处理冲突的哈希表

此方法的优点：①拉链法处理冲突简单，且无堆积现象，即非同义词不会发生冲突，因此平均查找长度较短；②拉链法中各链表上的结点空间是动态申请的，所以它更适用于在建表前无法确定表长的情况；③在用拉链法构造的哈希表中，删除记录的操作易于实现，只需简单地删除链表上相应的结点即可。

8.5.3　典型算法与分析

在哈希表中查找元素的过程和构造哈希表的过程相似。假设给定的值为 k，根据造表时设定的哈希函数计算出哈希地址，如果哈希表中此地址为空，则查找不成功；否则将该地址中的关键字值与给定 k 值比较，若相等，则查找成功；若不相等，则根据造表时设定的处理冲突的方法找“下一地址”，直至哈希表中某个位置为“空”(查找失败)或者表中所填记录的关键字值等于给定值(查找成功)为止。

下面以除留余数法构造哈希函数，以开放定址法中的线性探测法处理冲突为例，给出哈希表的查找算法的描述。

算法描述如下：

C

```
typedef  RecordType  HTable[m];
int  HSearch(HTable ht, KeyType key)
{  h0=key % m;              /*求哈希地址*/
    if(ht[h0].key==NULLKEY)
```

```
            return (-1) ;                /* NULLKEY 为空值,查找失败*/
        else
            if (ht[h0].key==key)
                return (h0);             /*查找成功*/
        else                             /*用线性探测法处理冲突*/
        {   for(i=1;i<=m-1;i++)
            {   hi=(h0+i) % m;
                if(ht[hi].key==NULLKEY)
                    return (-1);         /*查找失败*/
                else
                        if(ht[hi].key==key)  return(hi);    /*查找成功*/
            }/*for*/
            return (-1);
        }/*else*/
} /*HSearch*/
```

C#

```
    public static int HSearch(RecordType[] ht, int key)
    {
        int m = ht.Length;
        int h0 = key % m;                /*求哈希地址*/
        if (ht[h0].key == null)
            return (-1);                 /* NULLKEY 为空值,查找失败*/
        else
            if (ht[h0].key == key)
                return (h0);             /*查找成功*/
            else                         /*用线性探测法处理冲突*/
            {
                for (int i = 1; i <= m - 1; i++)
                {
                    int hi = (h0 + i) % m;
                    if (ht[hi].key == null)
                        return -1;       /*查找失败*/
                    else
                        if (ht[hi].key == key) return hi;    /*查找成功*/
                }/*for*/
                return -1;
            }/*else*/
    } /*HSearch*/
public class RecordType
{
    public int key;                      /*关键字域*/
    //...;                               /*其他域*/
}
```

Java

```
    int hSearch(HTable[] ht, int key)
        {   int h0=key % m;              /*求哈希地址*/
```

```
                if(ht[h0].key==0)
                    return -1;                    /* NULLKEY 为空值,查找失败*/
                else
                  if (ht[h0].key==key)
                        return h0;                /*查找成功*/
                  else                            /*用线性探测法处理冲突*/
                  {   for(int i=1;i<=m-1;i++)
                      {   int  hi=(h0+i) % m;
                          if(ht[hi].key==0)
                                return -1;         /*查找失败*/
                          else
                                if(ht[hi].key==key)  return(hi);    /*查找成功*/
                      }/*for*/
                      return -1;
                  }/*else*/
            } /*HSearch*/
```

本 章 小 结

本章深入浅出地介绍了 5 种查找方法,5 种算法各有优劣。其中常用的查找方法性能比较见表 8-3。

表8-3 几种查找算法的比较

方法	说明	平均查找长度
静态查找表	顺序查找	(n+1)/2
	折半查找	$\log_2(n+1)-1$
分块查找	索引表和查找表	$\log_2(n/s+1)+(s+1)/2$(s 为块内元素个素)
二叉排序树查找	二叉树查找	$\log_2 n$

3 种线性结构表的查找：顺序表、有序顺序表、索引顺序表。对于第一种,采用传统查找方法,逐个比较；对于有序顺序表采用二分查找法；对于第三种索引结构,采用索引查找算法。二叉排序树的查找：这一节介绍的内容是使用树进行的查找,容易与树的某些概念相混淆；本节内容与第 6 章的内容有联系,但也有很多不同。基本哈希表的查找算法：根据当前待查找数据的特征,以记录关键字为自变量设计一个函数,该函数对关键字进行转换后,得到待查的地址。基于哈希表的查找概念还包括哈希函数的设计、冲突解决方法的选择及冲突处理过程的描述。

本 章 实 训

实训：查找

实训目的

(1) 掌握顺序表的查找。

(2) 掌握折半查找算法。

(3) 对实际查找问题学会选用一种合适的查找算法求解。

实训环境

(1) 硬件：普通计算机。

(2) 软件：Windows 系统平台；VC++ 6.0/Eclipse/Visio Studio。

实训内容

掌握顺序和二分查找算法的基本思想及其实现方法。

(1) 顺序查找，在顺序表 R[0，…，n-1]中查找关键字为 k 的记录，成功时返回找到的记录位置，失败时返回-1，具体的算法如下所示：

```
int SeqSearch(SeqList R,int n,KeyType k)
{
    int i=0;
    while(i<n&&R[i].key!=k)
    {
        printf("%d",R[i].key);
        i++;
    }
    if(i>=n)
        return -1;
    else
    {
        printf("%d",R[i].key);
    return i;
    }
}
```

(2) 二分查找，在有序表 R[0，…，n-1]中进行二分查找，成功时返回记录的位置，失败时返回-1，具体的算法如下：

```
int BinSearch(SeqList R,int n,KeyType k)
{
    int low=0,high=n-1,mid,count=0;
    while(low<=high)
    {
        mid=(low+high)/2;
        printf("第%d 次查找:在[ %d ,%d]中找到元素 R[%d]:%d\n ",++count,low,high,
mid,R[mid].key);
        if(R[mid].key==k)
            return mid;
        if(R[mid].key>k)
            high=mid-1;
        else
            low=mid+1;
    }
    return -1;
    }
```

实验结果如图 8.15 所示。

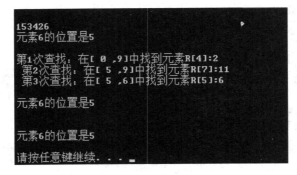

图 8.15　实验结果

参考答案(Java 和 C#代码请参考本章知识写出):

```c
#include<stdio.h>
#define MAXL 100
typedef int KeyType;
typedef char InforType[10];
typedef struct
{
    KeyType  key;
    InforType  data;
}NodeType;
typedef NodeType SeqList[MAXL];
int SeqSearch(SeqList R,int n,KeyType k)      /*顺序查找*/
{
    int i=0;
    while(i<n&&R[i].key!=k)
    {
        printf("%d",R[i].key);
        i++;
    }
    if(i>=n)
        return -1;
    else
    {
        printf("%d",R[i].key);
    return i;
    }
}
int BinSearch(SeqList R,int n,KeyType k)      /*二分查找*/
{
    int low=0,high=n-1,mid,count=0;
    while(low<=high)
```

```
        {
            mid=(low+high)/2;
        printf("第%d次查找:在[ %d ,%d]中找到元素R[%d]:%d\n ",++count,low,high,mid,
R[mid].key);
            if(R[mid].key==k)
                return mid;
            if(R[mid].key>k)
                high=mid-1;
            else
                low=mid+1;
    }
    return -1;
}
int BinSearch1(SeqList R,KeyType k, int low,int high)
{
int mid;
if(low>high)
    return -1;
mid=(low+high)/2;
if(k==R[mid].key)
    return mid;
else if(k<R[mid].key)
    return BinSearch1(R,k,low,mid-1);
else
    return BinSearch1(R,k,mid+1,high);
}

void main(){
    SeqList R;
    int n=10;
    KeyType k=7;
    int a[]={1,5,3,4,2,6,7,11,9,10},i;
    for(i=0;i<n;i++)
    R[i].key=a[i];
    printf("\n");
    if((i=SeqSearch(R,n,k))!=-1)
        printf("\n元素%d的位置是%d\n",k,i);
    else
        printf("\n元素%d的位置不在表中\n",k);
    printf("\n");
    if((i=BinSearch(R,n,k))!=-1)
        printf("\n元素%d的位置是%d\n",k,i);
    else
        printf("\n元素%d的位置不在表中\n",k);
    printf("\n");
    if((i=BinSearch1(R,k,0,7))!=-1)
        printf("\n元素%d的位置是%d\n",k,i);
    else
        printf("\n元素%d的位置不在表中\n",k);
    printf("\n");
}
```

本 章 习 题

1. 填空题

(1) 在散列函数 H(key)=key%p 中，p 应取＿＿＿＿＿＿＿＿。

(2) 采用分块查找法(块长为 s，以顺序查找确定块)查找长度为 n 的线性表时的平均查找长度为＿＿＿＿＿＿＿＿。

(3) 已知一个有序表为(12，18，20，25，29，32，40，62，83，90，95，98)，当二分查找值为 29 和 90 的元素时，分别需要＿＿＿＿＿＿＿＿次和＿＿＿＿＿＿＿＿次比较才能查找成功；若采用顺序查找时，分别需要＿＿＿＿＿＿＿＿次和＿＿＿＿＿＿＿＿次比较才能查找成功。

(4) 从一棵二叉排序树中查找一个元素时，若元素的值等于根结点的值，则表明＿＿＿＿＿＿＿＿，若元素的值小于根结点的值，则继续向＿＿＿＿＿＿＿＿查找，若元素的值大于根结点的值，则继续向＿＿＿＿＿＿＿＿查找。

(5) 二分查找的存储结构仅限于＿＿＿＿＿＿＿＿，且是＿＿＿＿＿＿＿＿。

(6) 假设在有序线性表 A[1，…，20]上进行二分查找，则比较一次查找成功的结点数为＿＿＿＿＿＿＿＿个，比较两次查找成功的结点数为＿＿＿＿＿＿＿＿，比较 3 次查找成功的结点数为＿＿＿＿＿＿＿＿，比较两次查找成功的结点数为＿＿＿＿＿＿＿＿，比较 5 次查找成功的结点数为＿＿＿＿＿＿＿＿，平均查找长度为＿＿＿＿＿＿＿＿。

(7) 在对有 20 个元素的递增有序表作二分查找时，查找长度为 5 的元素的下标从小到大依次为＿＿＿＿＿＿＿＿。(设下标从 1 开始。)

(8) 对于线性表(70，34，55，23，65，41，20，100)进行散列存储时，若选用 H(K)=K%9 作为散列函数，则散列地址为 1 的元素有＿＿＿＿＿＿＿＿个，散列地址为 7 的元素有＿＿＿＿＿＿＿＿个。

(9) 索引顺序表上的查找分两个阶段：＿＿＿＿＿＿＿＿、＿＿＿＿＿＿＿＿。

(10) 分块查找中，要得到最好的平均查找长度，应对 256 个元素的线性查找表分成＿＿＿＿＿＿＿＿块，每块的最佳长度是＿＿＿＿＿＿＿＿。若每块的长度为 8，则等概率下平均查找长度为＿＿＿＿＿＿＿＿。

(11) ＿＿＿＿＿＿＿＿是一棵二叉树，如果不为空，则它必须满足下面的条件。

① 若左子树不空，则左子树上所有结点的值均小于根的值。

② 若右子树不空，则右子树上所有结点的值均大于根的值。

③ 其左右子树均为二叉排序树。

(12) 假定有 k 个关键字互为同义词，若用线性探测法把这些同义词存入散列表中，至少要进行＿＿＿＿＿＿＿＿次探测。

2. 选择题

(1) 顺序查找法适合于存储结构为＿＿＿＿的线性表。

    A．散列存储   B．顺序存储或链接存储

    C．压缩存储   D．索引存储

(2) 对线性表进行二分查找时，要求线性表必须＿＿＿＿。

    A．以顺序方式存储

    B．以链接方式存储

    C. 以顺序方式存储，且结点按关键字有序排序

    D. 以链接方式存储，且结点按关键字有序排序

(3) 采用顺序查找方法查找长度为 n 的线性表时，每个元素的平均查找长度为_____。

    A. n   B. n/2   C. (n+1)/2   D. (n-1)/2

(4) 采用二分查找方法查找长度为 n 的线性表时，每个元素的平均查找长度为_____。

    A. $O(n2)$ B. $O(nlog2n)$ C. $O(n)$ D. $O(log2n)$

(5) 二分查找和二叉排序树的时间性能_____。

    A. 相同   B. 不相同

(6) 有一个有序表为{1，3，9，12，32，41，45，62，75，77，82，95，100}，当二分查找值 82 为的结点时，_____次比较后查找成功。

    A. 1   B. 2   C. 4   D. 8

(7) 设哈希表长 m＝14，哈希函数 H(key)＝key%11。表中已有 4 个结点：

    addr (15)＝4;   addr (38)＝5;   addr (61)＝6;   addr (84)＝7

如用二次探测再散列处理冲突，关键字为 49 的结点的地址是_____。

    A. 8   B. 3   C. 5   D. 9

(8) 有一个长度为 12 的有序表，按二分查找法对该表进行查找，在表内各元素等概率情况下查找成功所需的平均比较次数为_____。

    A. 35/12   B. 37/12   C. 39/12   D. 43/12

3. 简答题

(1) 顺序查找时间为 $O(n)$，二分法查找时间为 $O(log2n)$，散列法为 $O(1)$，为什么有高效率的查找方法而低效率的方法不被放弃？

(2) 对含有 n 个互不相同元素的集合，同时找最大元和最小元至少需进行多少次比较？

(3) 若对具有 n 个元素的有序的顺序表和无序的顺序表分别进行顺序查找，试在下述两种情况下分别讨论两者在等概率时的平均查找长度。

① 查找不成功，即表中无关键字等于给定值 K 的记录。

② 查找成功，即表中有关键字等于给定值 K 的记录。

(4) 设有序表为(a，b，c，d，e，f，g，h，i，j，k，p，q)，分别画出对给定值 a，g 和 n 进行折半查找的过程。

(5) 假定一个待散列存储的线性表为(32，75，29，63，48，94，25，46，18，70)，散列地址空间为 HT[13]，若采用除留余数法构造散列函数和线性探测法处理冲突，试求出每一元素的初始散列地址和最终散列地址，画出最后得到的散列表，并求出平均查找长度。

(6) 散列表的地址区间为 0～15，散列函数为 H(key)=key%13。设有一组关键字{19，01，23，14，55，20，84}，采用线性探测法解决冲突，依次存放在散列表中。试回答以下两个问题。

① 元素 84 存放在散列表中的地址是多少？

② 搜索元素 84 需要的比较次数是多少？

第9章 排序之论功行赏

教学目标

　　本章的排序是针对前几章数据结构的应用，采用顺序、堆栈、二叉树等结构来解决排序的问题。学习完本章之后，要求掌握插入排序中直接插入排序和希尔排序方法的思想及其程序实现；掌握交换排序中冒泡排序和快速排序方法的思想及其程序实现；掌握选择排序中直接选择排序并了解堆排序方法的思想及其程序实现；了解归并排序的思想及其程序实现，了解基数排序的思想。

教学要求

知识要点	能力要求	相关知识
插入排序	会用直接插入排序、希尔排序	比较、交换
交换排序	会用交换排序和快速排序	比较、交换
选择排序	掌握直接选择排序，了解堆排序	比较、交换
归并排序	了解归并排序	多个有序集合的排序
基数排序	了解多关键字排序	多关键字的比较

引例

　　曹操大宴铜雀台。要给功臣论功行赏，近侍给他拿了一张功臣杀死敌人数目名单，具体内容如下。

　　(洪方-31，曹洪-23，典韦-89，徐晃-10，许褚-47，夏侯渊-68，文聘-08)

　　曹操一看，不明就里，命令近侍赶快从低到高或者从高到低排序再给他。近侍不敢怠慢，马上去想排序的方法，怎么排序才能又快又好呢？

　　排序(sorting)就是通过某种方法整理记录，使之按关键字递增或递减次序排列，其定义如下：假定由 n 个记录组成的序列为 {R1，R2，…，Rn}，其相应的关键字序列是 {k1，k2，…，kn}，排序就是确定一个排列 {p1，p2，…，pn} 使得 kp1≤kp2≤…≤kpn(kp1≥kp2≥…≥kpn)，从而得到一个按关键字有序的序列 {Rp1，Rp2，…，Rpn}。

　　由于待排序记录的数量不同，按排序过程中涉及存储器的不同，可将排序分为两大类：内部排序和外部排序。对于内部排序来说，待排序的记录数量不是很大，在排序过程中，所有数据是放在计算机内存中处理的，不涉及数据的内外存交换；而在外部排序中，待排序序列的记录的数量很大，不能同时全部放入内存，排序时涉及进行内外存数据的交换。

评价一个排序算法好坏的标准有两个：①对 n 个记录排序执行时间的长短；②排序时所需辅助存储空间的大小。

9.1　插　入　排　序

插入排序的基本思想是：将一个待排序序列中的记录，按其关键字的大小逐个插入到一个已排序好的子序列中，直到全部记录插入完为止，在整个插入过程中记录的有序性保持不变。插入排序有直接插入排序和希尔排序两种方法。

9.1.1　直接插入排序

1. 直接插入排序

1) 引入

以下是 7 位功臣的杀敌人数：

(31，23，89，10，47，68，8)

近侍首先取出 31 和 23 比较，按从小到大排序，调整顺序为(23，31)。再取出 89，通过比较得到顺序(23，31，89)。继续取出 10，通过比较并调整顺序为(10，23，31，89)。以此类推，最后得到排好的顺序，过程如图 9.1 所示。

```
                      监视哨
初始关键字：R[0]  (31)  23   89   10   47   68   08

第1趟排序后：  23   (23  31)  89   10   47   68   08

第2趟排序后：  89   (23  31  89)  10   47   68   08

第3趟排序后：  10   (10  23  31  89)  47   68   08

第4趟排序后：  47   (10  23  31  47  89)  68   08

第5趟排序后：  68   (10  23  31  47  68  89)  08

第6趟排序后：  08   (08  10  23  31  47  68  89)
```

图 9.1　直接插入排序过程

抽象出上述排序过程思想：假设记录 R[1，…，i]是已排序的记录序列(有序区)，R[i+1，…，n]是未排序的记录序列(无序区)，将 R[i+1，…，n]中每个记录依次插入到已排序的序列 R[1，…，i]中的适当位置，得到一个已排序的记录序列 R[1，…，n]。初始时，把记录 R[1]看作有序区，R[2，…，n]看作无序区，将 R[2]插入到 R[1]的适当位置，得到两个记录组成的有序区；然后将 R[3]与有序区里的记录进行比较，找到适当的位置，插入到有序区，得到 3 个记录的有序区。依此方法，将剩余的记录全部插入到有序区，最终得到一个有序序列。每完成一个记录的插入称为一趟排序，该排序算法中要解决的主要问题是怎样插入记录，同时要保证插入后序列仍然有序。最简单的方法就是，在当前有序区 R[1，…，i]中找到记录 R[i+1]的正确位置 k(1≤k≤i)，然后将 R[k，…，i]中的记录全部后移一位，空出第 k 个位置，最后把 R[i+1]插入到该位置。

2) 数据结构定义

本章所有数据元素都包含一个关键字 key，采用如下数据结构：

C

```c
#define MaxSize   表长
typedef struct
{
    KeyType key;                /*关键字域*/
    …;                          /*其他域*/
} RecData [MaxSize];
```

C#

```csharp
public class RecData
{
    public object key;          /*关键字域*/
    //...;                      /*其他域*/
}
```

Java

```java
public class RecData
{
    KeyType key;                /*关键字域*/
    …;                          /*其他域*/
}
```

3) 典型算法与分析

在本段内容中，从顺序表的一端开始，把给定的值与顺序表的每个数据元素的关键字的值依次进行比较，找到正确位置并插入。

为提高查找效率，在顺序查找时，从最后一个位置开始向前查找，并且下标为 0 的位置不存放有用数据，而是存放给定的值，这个位置称为"监视哨"。

算法描述如下：

C

```c
void InsertSort (RecData  r,int n)
/*对记录数组 r[1,…,n]做直接插入排序*/
{   int  i,j;
    for (i=2;i<=n;i++)
        {   r[0]=r[i];          /*r[i]存入监视哨 r[0]*/
            j=i-1;
            while (r[0].key<r[j].key)
                {   r[j+1]=r[j];
                            /*将关键字大于 r[i].key 的记录后移*/
                    j- -;
                }
            r[j+1]=r[0];        /*r[i]插入到正确的位置*/
        }
}  /* InsertSort*/
```

C#
```csharp
/*对记录数组 r[1,…,n]做直接插入排序*/
public static void InsertSort(RecData[] r)
{
    int i, j;
    int n = r.length - 1;
    for (i = 2; i <= n; i++)
    {
        r[0] = r[i];                /*r[i]存入监视哨 r[0]*/
        j = i - 1;
        while (r[0].key < r[j].key)
        {
            r[j + 1] = r[j];
                                    /*将关键字大于 r[i].key 的记录后移*/
            j--;
        }
        r[j + 1] = r[0];            /*r[i]插入到正确的位置*/
    }
} /* InsertSort*/
```

Java
```java
算法分析：
/*对记录数组 r[1,…,n]做直接插入排序*/
void InsertSort (RecData[] r)
{   int i,j;
    int n = r.length-1;
    for (i=2;i<=n;i++)
        {   r[0]=r[i] ;             /*r[i]存入监视哨 r[0]*/
            j=i-1;
            while (r[0].key<r[j].key)
                {    r[j+1]=r[j];
                                    /*将关键字大于 r[i].key 的记录后移*/
                 j--;
                }
            r[j+1]=r[0];            /*r[i]插入到正确的位置*/
        }
} /* InsertSort*/
```

　　顺序查找性能分析：直接插入排序算法简单，容易操作，在本算法中，为了提高效率，设置了一个监视哨 R[0]，使 R[0]始终存放待插入的记录。如果从时间效率上衡量，该排序算法主要时间耗费在关键字比较和移动记录上。对 n 个记录序列进行排序，如果待排序列已按关键字排好，则每趟排序过程中仅做一次关键字的比较，移动次数为 2 次(仅有的两次移动是将待插入的记录移动到监视哨，再从监视哨移出)，所以总的比较次数是 n-1 次，移动次数是 2(n-1)次；如果待排序列是逆序的，将 r[i]插入到合适位置，要进行 i-1 次关键字的比较，记录移动次数为 i-1+2。

　　直接插入排序的时间复杂度为 $O(n^2)$。另外，该算法只使用了存放监视哨的 1 个附加空间，它的空间复杂度为 $O(1)$，直接插入排序是一种稳定的排序方法。

2. 折半插入排序

近侍发现，他在学习了第 8 章之后，在上述直接插入排序算法中，在有序序列 R[1，…，i]中寻找 R[i+1]的正确位置时，可使用前面所讲过的折半查找算法来提高效率，相应的排序算法称为折半插入排序，算法描述如下：

C

```c
/*对记录数组 r[1,…,n]进行折半插入排序*/
void BinSort(RecData r,int n)
    {   int  i, j, low, high, mid;
        for (i=2;i<=n;i++)
            {   r[0]=r[i] ;low=1;high=i-1;
                while (low<=high)           /*确定插入位置*/
                    {   mid=(low+high)/2;
                        if (r[0].key<r[mid].key)
                            high=mid-1;
                        else
                            low=mid+1;
                    }
                for (j=i-1;j>=low;--j)   /*记录依次向后移动*/
                    r[j+1]=r[j] ;
                r[low]=r[0] ;               /*待排记录插入到已排序序列*/
            }
    }/ *BinSort*/
```

C#

```csharp
/*对记录数组 r[1,…,n]进行折半插入排序*/
    public static void BinSort(RecData[] r)
    {
        int i, j, low, high, mid;
        int n = r.Length - 1;
        for (i = 2; i <= n; i++)
        {
        r[0] = r[i]; low = 1; high = i - 1;
        while (low <= high)                 /*确定插入位置*/
        {
            mid = (low + high) / 2;
            if (r[0].key < r[mid].key)
                high = mid - 1;
            else
                low = mid + 1;
        }
        for (j = i - 1; j >= low; --j)   /*记录依次向后移动*/
            r[j + 1] = r[j];
        r[low] = r[0];                      /*待排记录插入到已排序序列*/
    }
    }
```

Java

```java
/*对记录数组 r[1,…,n]进行折半插入排序*/
void BinSort(RecData[] r)
```

```
{   int i, j, low, high, mid;
    int n = r.length - 1;
    for (i=2;i<=n;i++)
        {   r[0]=r[i];low=1;high=i-1;
            while (low<=high)                 /*确定插入位置*/
                {   mid=(low+high)/2;
                    if (r[0].key<r[mid].key)
                        high=mid-1;
                    else
                        low=mid+1;
                }
            for (j=i-1;j>=low;--j)            /*记录依次向后移动*/
                r[j+1]=r[j];
            r[low]=r[0];                      /*待排记录插入到已排序序列*/
        }
}/ *BinSort*/
```

采用折半插入排序可以减少关键字的比较次数，关键字的比较次数至多 n/2 次，移动记录的次数和直接插入排序相同，故时间复杂度仍为 $O(n^2)$，所需要的附加存储空间仍为 1 个记录空间，所以它的空间复杂度为 O(1)。折半插入排序是一种稳定的排序方法。

9.1.2　希尔排序

近侍对找排序的方法上瘾了，他想前面排序一趟只找一个数据进行交换，太慢，能否让一趟能有很多数据进行交换呢？希尔排序(Shell Sort)实际上也是一种插入排序，其基本思想是：设待排序的序列有 n 个记录，先取一个小于 n 的正整数 d1 作为第一个增量，把待排序记录分成 d1 个组，所有位置相差为 d1 的倍数的记录放在同一组中,在每一组内进行直接插入排序,完成第一趟排序；然后，取第二个增量 d2(d2<d1)重复上述过程，直到所取增量 dt=1(dt<dt-1<dt-2<…<d2<d1)为止，此时所有记录只有一个组，再进行直接插入排序，就得到一个有序序列。

设待排序序列有 10 个记录，其关键字分别是(31，29，97，38，13，07，19，59，100，45)。

第一趟排序时先设 d1=10/2=5，将序列分成 5 组：(R1，R6)，(R2，R7)，…，(R5，R10)，对每一组分别做直接插入排序，使各组成为有序序列；以后每次让 d 缩小一半。

第二趟排序时设 d2=3，将序列分 3 组：(R1，R4，R7，R10)，(R2，R5，R8)，(R3，R6，R9)，每组做直接插入排序。

第三趟取 d3=1，对整个序列做直接插入排序，最后得到有序序列。排序过程如图 9.2 所示。

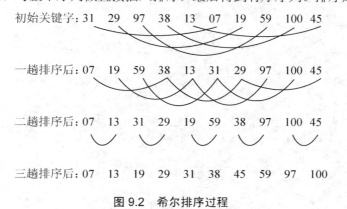

图 9.2　希尔排序过程

C

一趟希尔排序算法描述如下：

```c
/*对数据记录 r[1,…,n]做一趟希尔排序,d 为增量*/
void ShellInst (RecData r,int d,int n)
{   int i, j;
    for (i=d+1; i<=n; i++)
/*d+1 是第一个子序列的第二个记录的下标*/
        if (r[i].key<r[i-d].key)
            {   r[0]=r[i] ; /*r[0]不是监视哨,仅做备份 r[i]*/
                j=i-d;
                while ( j>0 && r[0].key<r[j].key)
                    {   r[j+d]=r[j] ;
                        j=j-d;
                    }
                r[j+d]=r[0] ;
            }
}/* ShellInst*/
```

希尔排序算法描述如下：

```c
/*对记录 r[1,…,n]做希尔排序,d 为增量数组,k 为增量数组的大小*/
void ShellSort (RecData r,int d[ ],int k,int n)
{   int i;
    for (i=1;i<=k;++i)
        ShellInst(r,d[i],n); /*以 d[i]为增量*/
}/* ShellSort*/
```

C#

一趟希尔排序算法描述如下：

```csharp
/*对数据记录 r[1,…,n]做一趟希尔排序,d 为增量*/
public static void ShellInst(RecData[] r, int d)
{
    int i, j;
    int n = r.Length - 1;
    for (i = d + 1; i <= n; i++)
    /*d+1 是第一个子序列的第二个记录的下标*/
    if (r[i].key < r[i - d].key)
    {
        r[0] = r[i]; /*r[0]不是监视哨,仅做备份 r[i]*/
        j = i - d;
        while (j > 0 && r[0].key < r[j].key)
        {
            r[j + d] = r[j];
            j = j - d;
        }
        r[j + d] = r[0];
    }
}/* ShellInst*/
```

希尔排序算法描述如下：

```
/*对记录 r[1,…,n]做希尔排序,d 为增量数组,k 为增量数组的大小*/
public static void ShellSort(RecData[] r, int[] d, int k)
{
    int i;
    for (i = 1; i <= k; ++i)
        ShellInst(r, d[i]); /*以 d[i]为增量*/
}
```

Java

一趟希尔排序算法描述如下：

```
/*对数据记录 r[1,…,n]做一趟希尔排序,d 为增量*/
void ShellInst (RecData[] r,int d)
{   int i, j;
    int n = r.length - 1;
    for (i=d+1; i<=n; i++)
/*d+1 是第一个子序列的第二个记录的下标*/
        if (r[i].key<r[i-d].key)
        {   r[0]=r[i]; /*r[0]不是监视哨,仅做备份 r[i]*/
            j=i-d;
            while ( j>0 && r[0].key<r[j].key)
                {   r[j+d]=r[j];
                    j=j-d;
                }
            r[j+d]=r[0] ;
        }
}/* ShellInst*/
```

希尔排序算法描述如下：

```
/*对记录 r[1,…,n]做希尔排序,d 为增量数组,k 为增量数组的大小*/
void ShellSort (RecData[] r,int d[],int k)
{   int i;
    for (i=1;i<=k;++i)
        ShellInst(r,d[i]); /*以 d[i]为增量*/
}/* ShellSort*/
```

　　希尔排序的执行时间依赖于所取的增量序列。如何选择该序列使得比较和移动的次数最少？增量序列有各种取法，有取奇数的，也有取质数的，但需要注意：尽量避免增量序列中的值互为倍数，最后一个增量必须是 1。

　　希尔排序中关键字的比较次数与记录移动次数也依赖于增量序列的选取。通过大量的实践证明，直接插入排序在序列初态基本有序或者序列中记录个数比较少时所需比较和移动次数较少。而希尔排序正是利用了这一点，根据不同增量序列多次分组，各个组内记录要么比较少，要么基本有序，一趟排序过程较快。因此，希尔排序在时间性能上优于直接插入排序，其时间复杂度为 $O(n^{1.3})$。希尔排序也只用了 1 个记录的辅助空间，故空间复杂度为 $O(1)$，但是希尔排序是不稳定的。

9.2　交　换　排　序

　　近侍对排序越来越感兴趣，他发现可以有这种方法来排序：对待排序序列中的记录两两比较其关键字，发现两个记录呈现逆序时就交换两记录的位置，直到没有逆序的记录为止。这就是最原始的交换排序思想。交换排序有两种：冒泡排序和快速排序。

9.2.1　冒泡排序

　　冒泡排序是一种简单的交换排序方法，其基本思想是：对待排序序列的相邻记录的关键字进行比较，使较小关键字的记录往前移，而较大关键字的记录往后移。设待排序记录为$(R_1$，R_2，…，$R_n)$，其对应的关键字是$(k_1$，k_2，…，$k_n)$。从第一个记录开始对相邻记录的关键字 k_i和 k_{i+1} 进行比较$(1\leqslant i\leqslant n-1)$，若 $k_i>k_{i+1}$，则 R_i 和 R_{i+1} 交换位置，否则不进行交换，最后将待排序序列中关键字最大的记录移到第 n 个记录的位置上，完成第一趟排序；第二趟排序时只对前 n-1$(R_1$，R_2，…，$R_{n-1})$个记录进行同样的操作，将前 n-1 个记录中关键字最大的记录移到第 n-1 个记录的位置上，重复上述过程(共进行 n-1 趟)，直到全部记录排好序为止。

　　例如，待排记录关键字为$(78，31，13，29，89，7)$，其冒泡排序的过程如图 9.3 所示。

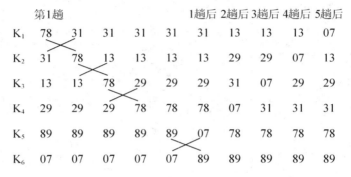

图 9.3　冒泡排序过程

冒泡排序算法描述如下：
C

```c
/*对记录 r[1,…,n]进行冒泡排序*/
void BubbleSort (RecData r,int n)
{   int i,j,swap;              /*swap 为交换标志*/
    RecData temp;
    for (i=1;i<n;i++)
    {   swap=0;               /*每趟排序开始前,swap=0*/
        for (j=1 ;j<=n-I;j++)
            if (r[j+1].key<r[j].key)
                {   temp=r[j+1];     /*交换记录*/
                    r[j+1]=r[j];
                    r[j]=temp;
                    swap=1;          /*发生过记录交换*/
                }
            if (!swap)               /*本趟不发生记录交换,提前终止*/
                return;
    }
}/* BubbleSort*/
```

C#

```csharp
/*对记录r[1,…,n]进行冒泡排序*/
public static void BubbleSort(RecData[] r)
{
    int i, j;                       /*swap 为交换标志*/
    Boolean swap;
    int n = r.Length;
    for (i = 1; i < n; i++)
    {
        swap = false;               /*每趟排序开始前,swap=false*/
        for (j = 1; j <= n - i; j++)
            if (r[j + 1].key < r[j].key)
            {
                RecData temp;       /*交换记录*/
                temp=r[j+1];
                r[j+1]=r[j];
                r[j]=temp;
                swap = true;        /*发生过记录交换*/
            }
        if (!swap)                  /*本趟不发生记录交换,提前终止*/
            return;
    }
}/* BubbleSort*/
```

Java

```java
/*对记录r[1,…,n]进行冒泡排序*/
void BubbleSort (RecData[] r)
{   int i,j;/*swap 为交换标志*/
    Boolean swap;
    int n = r.length;
    for (i=1;i<n;i++)
        {   swap=false;                     /*每趟排序开始前,swap=false*/
        for (j=1 ;j<=n-i;j++)
            if (r[j+1].key<r[j].key)
            {
                RecData temp;   /*交换记录*/
                temp=r[j+1];
                r[j+1]=r[j];
                r[j]=temp;
                swap=true;              /*发生过记录交换*/
            }
        if (!swap)                      /*本趟不发生记录交换,提前终止*/
        return;
        }
}/* BubbleSort*/
```

对 n 个记录排序时，如果待排序的初始记录已按关键字的递增次序排列，则经过 1 趟排序即可完成，关键字的比较次数为 n-1，相邻记录没有发生交换操作，移动次数为 0；如果待排序的初始序列是逆序，则对 n 个记录的序列要进行 n-1 趟排序，每趟要进行 n-i($1 \leqslant i \leqslant n-1$)次关键字比较，且每次比较后记录均要进行 3 次移动。算法的时间复杂度为 O(n^2)。虽然对 n 个记录的序列，有时不必经过 n-1 趟排序，但是冒泡排序中记录的移动次数较多，所以排序速度慢，冒泡排序只需 1 个中间变量作为辅助空间，它的空间复杂度为 O(1)，冒泡排序是稳定的排序算法。

9.2.2 快速排序

近侍发现冒泡排序相邻两两比较泡泡冒得太慢，于是，他又想到了快速排序，快速排序是对冒泡排序的一种改进，其基本思想是：从待排序序列的 n 个记录中任取一个记录 Ri 作为基准记录，其关键字为 ki，经过一趟排序，以基准记录为界限，将待排序序列划分成两个子序列，所有关键字小于 ki 的记录移到 Ri 的前面，所有关键字大于 ki 的记录移到 Ri 的后面，记录 Ri 位于两子序列中间，该基准记录不再参加以后的排序，这个过程称作一趟快速排序；然后用同样的方法对两个子序列排序，得到 4 个子序列；依次类推，直到每个子序列只有一个记录为止，此时就得到 n 个记录的有序序列。

快速排序中划分子序列的方法是：通常取待排序序列的第 1 个记录 R[1]为基准记录；在进行划分时，设两个指针 i 和 j 分别指向序列的第 1 个和最后 1 个记录，先将 i 指向的记录存放到变量 R[0]中，将指针 j 从右向左开始扫描，直到遇到 R[j].key < R[0].key 时，将 R[j]移到 i 所指的位置；此时指针 i 从 i+1 的位置由左向右扫描，直到 R[i].key>R[0].key 时，将 R[i]移到 j 所指的位置；然后，再令 j 从 j-1 的位置由右向左扫描，如此交替进行，让 i 和 j 从两端向中间靠拢，直到 i=j 为止，此时 R[i]左边的所有记录的关键字均小于 R[0].key，R[i]右边的所有记录关键字均大于 R[0].key，将 R[0].key 放入 i 和 j 同时所指的位置，这样一趟排序结束，并且待排序序列被划分成两个子序列 R[1, …, i-1], R[i+1, …, n]。对这两个子序列继续这种划分，直到所有划分的子序列中只剩 1 个记录为止。例如，待排序序列为(29，07，47，53，21，36，98，16)，对其进行快速排序的过程如图 9.4 所示。

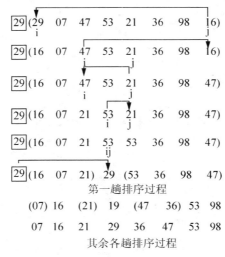

图 9.4　快速排序过程

C

```
/*对序列 r[i,…,j]进行一趟快速排序*/
int QuickPass (RecData r,int i,int j)
{   r[0]=r[i];                          /*选择第 i 个记录做基准记录*/
    while (i<j)
        {   while (i<j && r[j].key>=r[0].key)
```

```
                    j－ －;                    /*j 从右向左找小于 r[0].key 的记录*/
                    if (i<j)
                        {    r[i]=r[j];          /*找到小于 r[0].key 的记录,交换*/
                             i++;
                        }
                    while (i<j && r[i].key<r[0].key)
                        i++;                     /*i 从左向右找大于 r[0].key 的记录*/
                    if (i<j)
                        {    r[j]=r[i];          /*找到大于 r[0].key 的记录,交换*/
                             j--;
                        }
                }
                    r[i]=r[0] ;
                    return I;
}/* QuickPass*/
//快速排序的递归算法
void QuickSort (RecData r,int l,int h)
{   int k;
    if (l<h)
        {    k=QuickPass (r,l,h);        /*对 r[l…h]划分*/
             QuickSort (r,l,k-1);        /*对左区间递归排序*/
             QuickSort (r,k+1,h);        /*对右区间递归排序*/
        }
}/* QuickSort*/
```

C#

```
/*对序列 r[i,…,j]进行一趟快速排序*/
public static int QuickPass(RecData[] r, int i, int j)
{
    r[0] = r[i];                         /*选择第 i 个记录做基准记录*/
    while (i < j)
    {
        while (i < j && r[j].key >= r[0].key)
            j--;                         /*j 从右向左找小于 r[0].key 的记录*/
        if (i < j)
        {
            r[i] = r[j];                 /*找到小于 r[0].key 的记录,交换*/
            i++;
        }
        while (i < j && r[i].key < r[0].key)
            i++;                         /*i 从左向右找大于 r[0].key 的记录*/
        if (i < j)
        {
            r[j] = r[i];                 /*找到大于 r[0].key 的记录,交换*/
            j--;
        }
    }
        r[i] = r[0];
        return i;
}/* QuickPass*/
```

```
//快速排序的递归算法
public static void QuickSort(RecData[] r, int l, int h)
{
    int k;
    if (l < h)
    {
        k = QuickPass(r, l, h);              /*对 r[l…h]划分*/
        QuickSort(r, l, k - 1);              /*对左区间递归排序*/
        QuickSort(r, k + 1, h);              /*对右区间递归排序*/
    }
}/* QuickSort*/
```

Java

```
/*对序列 r[i,…,j]进行一趟快速排序*/
public int QuickPass (RecData[] r,int i,int j)
{   r[0]=r[i];                                /*选择第 i 个记录做基准记录*/
    while (i<j)
       {  while (i<j && r[j].key>=r[0].key)
              j--;                            /*j 从右向左找小于 r[0].key 的记录*/
           if (i<j)
           {   r[i]=r[j] ;                    /*找到小于 r[0].key 的记录,交换*/
               i++;
           }
           while (i<j && r[i].key<r[0].key)
              i++;/*i 从左向右找大于 r[0].key 的记录*/
           if (i<j)
           {   r[j]=r[i] ;                    /*找到大于 r[0].key 的记录,交换*/
               j--;
           }
       }
        r[i]=r[0] ;
        return i;
}/* QuickPass*/
//快速排序的递归算法
public void QuickSort (RecData[] r,int l,int h)
{   int k;
    if (l<h)
       {   k=QuickPass (r,l,h);               /*对 r[l…h]划分*/
           QuickSort (r,l,k-1);               /*对左区间递归排序*/
           QuickSort (r,k+1,h);               /*对右区间递归排序*/
       }
}/* QuickSort*/
```

快速排序算法的时间效率取决于划分子序列的次数,对有 n 个记录的序列进行划分,共需 n-1 次关键字的比较,在最好情况下,假设每次划分得到两个大致等长的记录子序列,时间复

杂度为 $O(n\log_2 n)$。在最坏情况下，若每次划分的基准记录是当前序列中的最大值或最小值，经过依次划分仅得到一个左子序列或一个右子序列，子序列的长度比原来的少 1，因此快速排序必须做 n-1 趟，第 i 趟需进行 n-i 次比较。

9.3　选　择　排　序

至此时，近侍已经找到了至少 4 种排序方法，对此，曹操大加赞赏，命令他继续寻找。操曰："能继续找到方法，即以锦袍赐之！"近侍大受鼓舞，很快找到了选择排序，其基本思想是：每一趟从待排序记录中选出关键字最小的记录，按顺序放到已排好序的子序列中，直到全部记录排序完毕。选择排序有两种：直接选择排序和堆排序。

9.3.1　直接选择排序

直接选择排序的基本思想是：假设待排序序列有 n 个记录(R1，R2，…，Rn)，先从 n 个记录中选出关键字最小的记录 Rk，将该记录与第 1 个记录交换位置，完成第一趟排序；然后从剩下的 n-1 个记录中再找出一个关键字最小的记录与第 2 个记录交换位置，依此反复，第 i 趟从剩余的 n-i+1 个记录中找出一个关键字最小的记录和第 i 个记录交换，对 n 个记录经过 n-1 趟排序即可得到有序序列。

例如：对初始关键字(47，29，89，03，11，76，45)进行简单选择排序，其排序过程如图 9.5 所示。

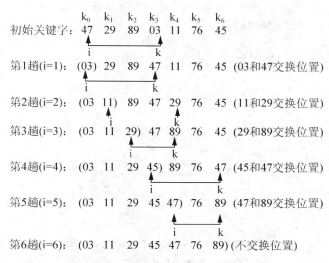

图 9.5　直接选择排序过程

直接选择排序算法描述如下：

C

```
void SelectSort (RecData r,int n)
{   int i,j,k;
    RecData temp;
    for (i=1;i<=n-1;++i)
    {   k=i;
        for (j=i+1;j<=n;++j)
```

```
            if (r[j].key<r[k].key)  /*选出关键字最小的记录*/
                 k=j;  /*k 保存当前找到的最小关键字的记录位置*/
            if (k!=i)
            {   temp=r[i];/*交换 r[i]和 r[k]*/
                r[i]=r[k];
                r[k]=temp;
            }
        }
}/* SelectSort*/
```

C#

```
    public static void SelectSort(RecData[] r)
    {
        int i, j, k;
        int n = r.Length;
        for (i = 1; i <= n - 1; ++i)
        {
            k = i;
            for (j = i + 1; j <= n; ++j)
                if (r[j].key < r[k].key) /*选出关键字最小的记录*/
                 k = j; /*k 保存当前找到的最小关键字的记录位置*/
            if (k != i)
                RecData temp;/*交换 r[i]和 r[k]*/
                temp=r[i];
                r[i]=r[k];
                r[k]=temp;
        }
    }/* SelectSort*/
```

Java

```
    public void SelectSort (RecData[] r)
    {   int i,j,k;
        int n = r.length;
    for (i=1;i<=n-1;++i)
    {   k=i;
        for (j=i+1;j<=n;++j)
            if (r[j].key<r[k].key)  /*选出关键字最小的记录*/
                k=j;  /*k 保存当前找到的最小关键字的记录位置*/
            if (k!=i)
            {   RecData temp;/*交换 r[i]和 r[k]*/
                temp=r[i];
                r[i]=r[k];
                r[k]=temp;
            }
        }
    }/* SelectSort*/
```

在直接选择排序过程中，所需移动记录的次数比较少。在最好情况下，即待排序序列正序时，该算法记录移动次数为 0；反之，当待排序序列逆序时，该算法记录移动次数为 3(n-1)。

在直接选择排序过程中需要的关键字的比较次数与序列原始顺序无关，当 i=1 时(外循环执行第一次)，内循环比较 n-1 次；i=2 时，内循环比较 n-2 次，依次类推，算法的总比较次数为(1+2+3+…+n-1)=n(n-1)/2。因此，直接选择排序的时间复杂度为 $O(n^2)$，由于只用一个变量作辅助空间，故空间复杂度为 O(1)，直接选择排序是不稳定的。

9.3.2 堆排序

堆排序是在直接选择排序的基础上做进一步的改进。在直接选择排序中，为了在 R[1，…，n]中选出关键字最小的记录，必须进行 n-1 次比较，然后在 R[2，…，n]中再做 n-2 次比较选出关键字最小的记录。事实上，后面的比较中，有许多比较可能在前面的 n-1 次比较中已经做过，但是由于前一趟排序时未保留这些比较的结果，所以后一趟排序时，又重复做了这些比较操作。堆排序可以克服这一缺点。在堆排序中，将待排序的数据记录 R[1，…，n]看成一棵完全二叉树的顺序存储结构，利用完全二叉树中双亲结点和孩子结点的内在关系，来选择关键字最小(最大)的记录。

n 个元素的序列{k_1，k_2，…，k_n}，满足以下的性质时称之为堆。

$k_i \geq k_{2i}$ 且 $k_i \geq k_{2i+1}$ 或 $k_i \leq k_{2i}$ 且 $k_i \leq k_{2i+1}$ (1≤i≤n)

1. 堆的定义

堆实质上就是具有如下性质的完全二叉树。

(1) 根结点(堆顶记录)的关键字值是所有结点关键字中最大(最小)的。

(2) 每个非叶子结点(记录)的关键字大于等于(小于等于)它的孩子结点(如果左右孩子存在)的关键字。

这种堆分别称大顶堆或小顶堆。如图 9.6 所示，图 9.6(a)是一个大顶堆，图 9.6(b)是一个小顶堆。

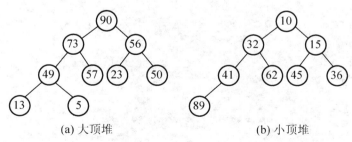

(a) 大顶堆　　　　　　　　　　(b) 小顶堆

图 9.6 　堆的示意图

2. 堆排序的实现

实现堆排序需解决以下两个问题。

(1) 怎样将待排序列记录构成一个初始堆？

(2) 输出堆顶元素后，怎样调整剩余的 n-1 个元素，使其按关键字重新整理成一个新堆？

由于完成这两项工作都要调用筛选算法，所以先讨论筛选算法。

筛选就是将以结点 i 为根结点的子树调整为一个堆，此时结点 i 的左右子树必须已经是堆。

筛选算法的基本思想是：将结点 i 与其左、右孩子结点比较，若结点 i 的关键字小于其中任意一个孩子结点的关键字，就将结点 i 与左右孩子中关键字较大的结点交换；若与左孩子交换，则左子树的堆被破坏，且仅左子树的根结点不满足堆的性质，若与右孩子交换，则右子树堆被破坏，且仅右子树的根结点不满足堆的性质；继续对不满足堆性质的子树进行上述交换操作，直到该结点为叶子结点或它的关键字大于其孩子结点的关键字。称这个自根结点到叶子结点的调整过程为筛选。

筛选过程实例如下，图 9.7 是筛选过程。在图 9.7(a)中根结点 15 的左右子树分别是堆，由于 15 小于 89、67，又由于 89＞67，所以 89 与 15 交换位置，这时新根结点的右子树没变，仍是一个堆。但是 15 下沉一层后，使得新根结点的左子树不再是堆，继续调整。15 小于它的新的左右孩子关键字，同时 46＞32，于是 15 与 46 交换，由于 46 的新的左子树仍是堆，新的右子树只有一个结点，所以调整完成，得到如图 9.7(b)所示的新堆。

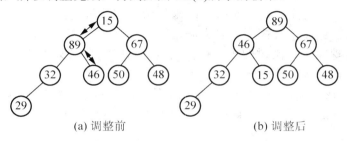

(a) 调整前　　　　　　(b) 调整后

图 9.7　筛选过程

筛选算法描述如下：

C

```
/*设 r[low,…,high]是以 r[low]为根结点的完全二叉树,调整 r[low],使二叉树成为新堆*/
void  Sift(RecData r,int low,int high)
{
    int i,j;
    r[0]=r[low];                    /*暂存堆顶记录*/
    i=low;
    j=2*i;                          /*r[i]的左孩子的位置*/
    while (j<=high)
        {
            if (j<high && r[j].key<r[j+1].key )
            j++;                    /*选择左右孩子中大者*/
            if (r[0].key<r[j].key)  /*当前结点小于左右孩子的大者*/
                {
                    r[i]=r[j];i=j;j=2*i;
                }
            else                    /*当前结点不小于左右孩子*/
                j=high+1;
        }
    r[i]=r[0];                      /*堆顶记录填入适当位置*/
}/* Sift*/
```

C#

```
/*设 r[low,…,high]是以 r[low]为根结点的完全二叉树,调整 r[low],使二叉树成为新堆*/
   public static void Sift(RecData[] r, int low, int high)
   {
       int i, j;
       r[0] = r[low];                        /*暂存堆顶记录*/
       i = low;
       j = 2 * i;                            /*r[i]的左孩子的位置*/
       while (j <= high)
       {
           if (j < high && r[j].key < r[j + 1].key)
               j++;                         /*选择左右孩子中大者*/
           if (r[0].key < r[j].key)     /*当前结点小于左右孩子的大者*/
           {
               r[i] = r[j]; i = j; j = 2 * i;
           }
           else                             /*当前结点不小于左右孩子*/
               j = high + 1;
       }
   r[i] = r[0];                             /*堆顶记录填入适当位置*/
}/* Sift*/
```

Java

```
/*设 r[low,…,high]是以 r[low]为根结点的完全二叉树,调整 r[low],使二叉树成为新堆*/
public void  sift(RecData[] r,int low,int high)
{
    int i,j;
    r[0]=r[low];                          /*暂存堆顶记录*/
    i=low;
    j=2*i;                                /*r[i]的左孩子的位置*/
    while (j<=high)
    {
        if (j<high && r[j].key<r[j+1].key )
            j++;                          /*选择左右孩子中大者*/
        if (r[0].key<r[j].key)        /*当前结点小于左右孩子的大者*/
        {
            r[i]=r[j];i=j;j=2*i;
        }
        else                              /*当前结点不小于左右孩子*/
            j=high+1;
    }
    r[i]=r[0];                            /*堆顶记录填入适当位置*/
}/* sift*/
```

利用筛选算法可以将 n 个记录的序列建成一个初始堆,对初始序列建堆的过程,就是一个反复进行筛选的过程。例如,图 9.8 显示了对初始序列(23,30,10,35,50,59,45,78)创建初始堆的过程。

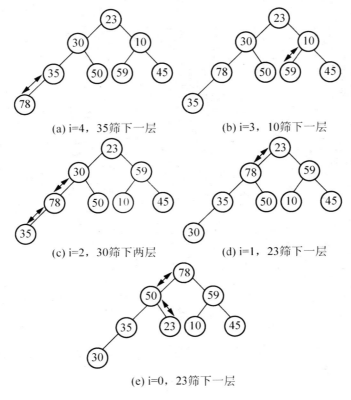

(a) i=4，35筛下一层   (b) i=3，10筛下一层

(c) i=2，30筛下两层   (d) i=1，23筛下一层

(e) i=0，23筛下一层

图 9.8　大顶堆创建过程

创建大顶堆的算法描述如下：

C

```c
void BuildHeap(RecData r,int n)
{
    int i;
    for (i=n/2;i>0;i--)              /*建立初始堆*/
        Sift ( r,i,n);
}/* BuildHeap*/
```

C#

```csharp
public static void BuildHeap(RecData[] r, int n)
    {
        int i;
        for (i = n / 2; i > 0; i--)        /*建立初始堆*/
            Sift(r, i, n);
    }/* BuildHeap*/
```

Java

```java
public  void buildHeap(RecData[] r,int n)
    {
        int i;
        for (i = n/2 ; i > 0 ; i--)        /*建立初始堆*/
            sift( r,i,n);
```

```
}/* buildHeap*/
```

初始堆建成后，就可以进行堆排序了。

堆排序的思想是：对待排序记录 R[1, …, n]构造一个初始堆，将关键字最大的第 1 个记录 R[1](堆顶记录)与初始堆的最后一个记录 R[n]交换位置，得到无序区 R[1, …, n-1]和有序区 R[n]，此时满足前 n-1 个记录 R[1, …, n-1]的关键字均小于或等于 R[n]的关键字，交换后序列 R[1, …, n-1]不符合堆的定义，将无序区 R[1, …, n-1]调整为堆；将 R[1, …, n-1]中关键字最大的第 1 个记录 R[1]与该区间最后 1 个记录 R[n-1]交换，又得到一个新的无序区 R[1, …, n-2]和有序区 R[n-1, n]；同样将 R[1, …, n-2](如果不符合堆的定义)调整成新堆，依此类推，直到新产生的堆只剩下一个记录为止，此时所有记录已排好序。

堆排序算法描述如下：

C

```
void HeapSort (RecData r,int n)
{
    int i;
    BuildHeap(r,n);
    for (i=n;i>1;i--)
    {   t=r[0],r[0]=r[i],r[i]=t;          /*将堆顶记录与最后一个记录交换*/
        sift(r,1,i-1);                    /*调整堆*/
    }
}/* HeapSort*/
```

C#

```
public static void HeapSort(RecData[] r, int n)
    {
        int i;
        buildHeap(r,n);
        for (i = n ; i > 1; i--)          /*建立初始堆*/
            {
                t=r[0],r[0]=r[i],r[i]=t;/*将堆顶记录与最后一个记录交换*/
                Sift(r, 1, i-1);
            }
    }/* HeapSort*
```

Java

```
public void heapSort (RecData[] r,int n)
    {
    int i;
    buildHeap(r,n);
    for (i=n;i>1;i--)
        {   r[0]=r[i];                    /*将堆顶记录与最后一个记录交换*/
            sift(r,1,i-1);                /*调整堆*/
        }
    }/* heapSort*/
```

下面给出一个堆排序的实例，设待排序序列(17，20，10，60，48，59，27，31)，将它构造成一棵完全二叉树，如图 9.9(a)所示，将以结点 60、20、10、17 为根结点的子树分别调整成堆(20 与 60 交换；20 与 31 交换；10 与 59 交换，得到图 9.9(b)，此时左右子树为堆；再将 17 与 60 交换，然后 17 与 48 交换)，得图 9.9(c)所示的初始堆；此时根结点 60 和最后结点 20 交换以后，如图 9.9(d)所示；除 60 以外，剩余结点的完全二叉树不符合堆定义，将它调整成一个堆，如图 9.9(e)所示；用新调整的堆的根结点 59 与 20 交换，得图 9.9(f)；除 60、59 外，将剩余结点的完全二叉树再调整为一个堆，重复上述方法，直到最后得到有序递增序列(10，17，20，27，31，48，59，60)，如图 9.9(p)所示。

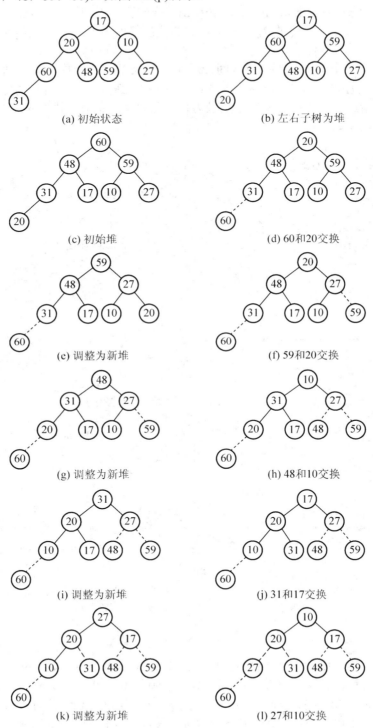

图 9.9　堆排序过程

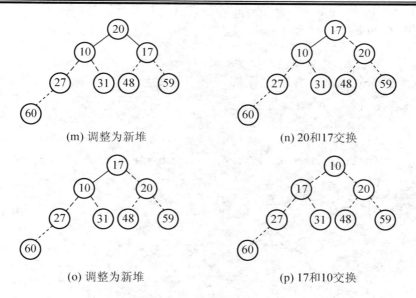

(m) 调整为新堆　　　　　　　　　(n) 20和17交换

(o) 调整为新堆　　　　　　　　　(p) 17和10交换

图 9.9　堆排序过程(续)

堆排序的时间主要花费在建立初始堆和反复调整堆的工作上。对深度为 k 的堆，从根到叶的筛选，关键字的比较次数至多 2(k-1)次，n 个结点的完全二叉树的深度 $k=\lfloor \log_2 n \rfloor +1$，堆排序算法 HeapSort 中调整建新堆时调用 Sift 算法共 n-1 次，因此总的比较次数满足：

$$2(\lfloor \log_2(n-1) \rfloor + \lfloor \log_2(n+1) \rfloor + \cdots \lfloor \log_2 2 \rfloor) < 2n \lfloor \log_2 n \rfloor$$

所以堆排序的时间复杂度为 $O(n\log_2 n)$。由于堆排序中，在建立初始堆和调整新堆时反复进行筛选，故它不适合记录较少的序列排序。堆排序占用的辅助空间为 1 个记录大小，空间复杂度为 O(1)，它是一种不稳定的排序方法。

9.3.3　归并排序

归并排序的基本思想是：将 n(n≥2)个有序子序列合并为一个有序序列。例如将两个有序子序列 R[low，…，m]和 R[m+1，…，high]合并成一个有序序列 R1[low，…，high]。在归并过程中设 3 个变量 i、j、p，分别指向 3 个序列的起始位置，归并时依次比较记录 R[i]和记录 R[j]的关键字，取两个记录关键字值较小的记录复制到 R1[p]中；然后将被复制记录的指针 i 或 j 加 1，同时 p 加 1，重复上述过程，直到 R[1，…，m]和 R[m+1，…，n]有一个为空，此时，将另一个非空的子序列中剩余记录按次序复制到 R1[p，…，n]中即可。

例如，有一待排序序列(39，28，18，60，27，03，49)，其二路归并排序过程如图 9.10 所示。

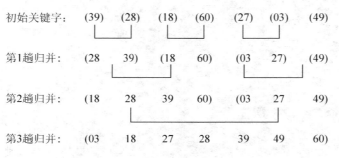

图 9.10　二路归并排序过程

二路归并算法如下：

C

```
一趟归并算法描述如下：
/*将两个有序序列r1[low..mid]和r1[mid+1..high]归并为一个有序序列r[low..high]*/
void Merge (RecData r1,int low,int mid, int high,RecData r)
{   int  i=low,j=mid+1,k=low;
    while ((i<=mid) && (j<=high))
    {   if (r1[i].key<=r1[j].key)     /*比较两个子序列的当前记录*/
        {
            r[k]=r1[i];
            ++I;
        }
        else
        {
            r[k]=r1[j];
            ++j;
        }
        ++k;
    }
    while (i<=mid)                    /*复制r1[low..mid]剩余记录*/
        r[k++]=r1[i++];
    while (j<=high)                   /*复制r1[mid+1..high]剩余记录*/
        r[k++]=r1[j++];
}/* Merge*/
```

C#

```
//一趟归并算法描述如下：
/*将两个有序序列r1[low..mid]和r1[mid+1..high]归并为一个有序序列r[low..high]*/
void Merge (RecData r1[],int low,int mid,int high,RecData r[])
{   int  i=low,j=mid+1,k=low;
    while ((i<=mid) && (j<=high))
    {   if (r1[i].key<=r1[j].key)     /*比较两个子序列的当前记录*/
        {
            r[k]=r1[i];
            ++I;
        }
        else
        {
            r[k]=r1[j];
            ++j;
        }
        ++k;
    }
    while (i<=mid)                    /*复制r1[low..mid]剩余记录*/
```

```
                r[k++]=r1[i++];
        while (j<=high)                        /*复制 r1[mid+1..high]剩余记录*/
                r[k++]=r1[j++];
}/* Merge*/
```

Java

一趟归并算法描述如下：

```
/*将两个有序序列 r1[low..mid]和 r1[mid+1..high]归并为一个有序序列 r[low..high]*/
void Merge (RecData r1[],int low,int mid,int high,RecData r[])
{   int i=low,j=mid+1,k=low;
    while ((i<=mid) && (j<=high))
    {   if (r1[i].key<=r1[j].key)               /*比较两个子序列的当前记录*/
        {
            r[k]=r1[i];
            ++I;
        }
        else
        {
            r[k]=r1[j];
            ++j;
        }
        ++k;
    }
    while (i<=mid)                              /*复制 r1[low..mid]剩余记录*/
        r[k++]=r1[i++];
    while (j<=high)                             /*复制 r1[mid+1..high]剩余记录*/
        r[k++]=r1[j++];
}/* Merge*/
```

归并排序需要一个和原始数据所占空间同样大小的辅助数组空间，故其空间复杂度为 $O(n)$。对 n 个记录的序列，则要经过 $\log_2 n$ 趟归并，每趟归并比较次数不超过 n 次，故总比较次数为 $O(n\log_2 n)$，算法的时间复杂度是 $O(n\log_2 n)$。归并排序是稳定排序。

9.4　基　数　排　序

近侍对自己排序方法很是满意，某天，他突然想到，假设排序的关键字除了杀敌人数目以外，还有身高、体重，该怎么办呢？基数排序能够解决这个问题。基数排序和前面介绍的各类排序方法完全不同，前几节所讨论的排序算法主要是通过关键字的比较和移动记录来实现的，但是基数排序不需要进行记录之间关键字的比较，它是借助多关键字排序的方法对单关键字进行排序的。

9.4.1　多关键字排序

对多关键字排序问题可以通过一个实例说明。例如，对于日常生活中人们玩的扑克牌，一副牌中有黑桃、红桃、方块、梅花 4 种花色，每种花色有 13 种面值，共 52 张牌，即 52 个记录，每个记录有两个关键字——花色和面值，若要将它们进行排序，规定如下。

花色的次序：　黑桃＞红桃＞梅花＞方块

面值的次序：　K＞Q＞J＞10＞…＞4＞3＞2＞A

为得到排序结果，可以有两种排序方法。

方法 1：先对花色排序，将其分为 4 个组，即方块组、梅花组、红桃组、黑桃组；然后对每个组分别按面值大小进行排序；最后，将 4 个组连接起来即可。

方法 2：在比较任意两张牌大小时，也可以先按不同面值分成 13 堆，然后将这 13 堆牌按从小到大(或从大到小)叠在一起，然后按花色分成分成 4 堆，最后将 4 堆牌按从小到大次序合在一起。每副扑克牌由小到大顺序是：黑桃 A＜黑桃 2＜…＜黑桃 k＜红桃 A＜红桃 2＜…＜红桃 k＜梅花 A＜梅花 2＜…＜梅花 k＜方块 A＜方块 2＜…＜方块 k。

基数排序是通过"分配"和"收集"两种操作来实现的，它的基本思想是：假设待排序序列中记录的关键字为 R[i].key，R[i].key 是由 d 位数字组成，即 key=$k_d…k_3k_2k_1k_0$，k_d 是最高位，k_0 是最低位，每一位的值都在 $0 \leq k_d \leq r_d$ 之间，r_d 是不同进制数的基数，若关键字是十进制整数，则基数 r_d=10。

9.4.2　基数排序方法

首先将所有记录按顺序存储在一个单链表中，第一趟排序时先"分配"，按每个记录关键字的个位数字大小不同，分别将链表中记录分配到相应的 r_d 个链式队列里，h[i]和 t[i]分别是第 i 个队列的头指针和尾指针，此时每个队列中记录关键字的个位值相同，也就是将个位数字等于 0 的记录分配到以 h[0]为头指针的队列中，将个位数字等于 1 的记录分配到以 h[1]为头指针的队列中，每个队列中的结点对应的记录的个位数相同；第一趟收集时按顺序将所有非空队列的队尾指针指向下一个非空队列的队头记录，重新将全部队列链成一个新单链表；第二趟排序时，按关键字的十位数字不同进行上述"分配"和"收集"操作。此种方法称为最低位优先法 LSD(Least Signifcant Digit First)。如果排序序列是按关键字的位从 k_d 到 k_0 则称为最高位优先法 MSD(Most Signifcant Digit First)。

例如，待排序序列为(270，389，427，315，032，796，262，008，196，653)(不足 3 位数字的左边补零)，每个关键字由 $k_2k_1k_0$ 组成，排序过程如图 9.11 所示。

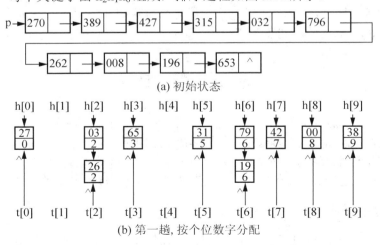

图 9.11　基数排序过程

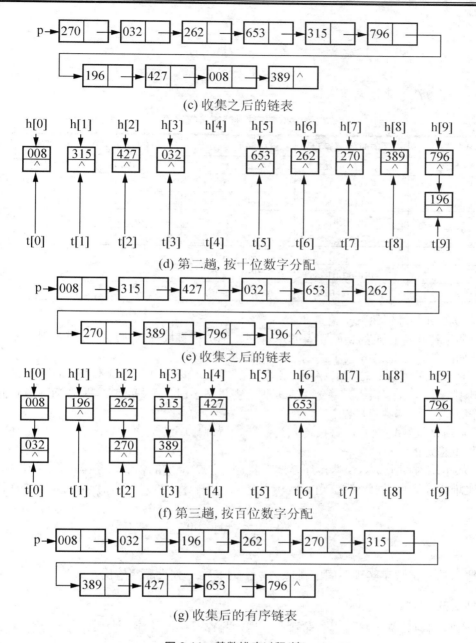

(c) 收集之后的链表

(d) 第二趟, 按十位数字分配

(e) 收集之后的链表

(f) 第三趟, 按百位数字分配

(g) 收集后的有序链表

图 9.11　基数排序过程(续)

　　基数排序所需时间不仅与序列的大小有关, 而且还与关键字的位数和基数有关, 把 n 个记录进行一趟"分配"和"收集"的时间为 $O(n+r_d)$, 若每个关键字有 d 位数字, 需要进行 d 趟排序, 所以基数排序时间复杂度为 $O(d \times (r_d+n))$。由于基数排序需要 $2*r_d$ 个指向队列的辅助空间, 以及链表的 n 个指针, 故基数排序的空间复杂度为 $O(n+2r_d)$, 基数排序是一种稳定的排序方法。

本 章 小 结

各种排序方法的比较见表 9-1。

表 9-1　各种排序方法的比较

排序方法	平均时间复杂度	最坏时间复杂度	辅助存储空间	稳定性
直接插入排序	$0(n^2)$	$0(n^2)$	$0(1)$	稳定
希尔排序	$0(n^{1.3})$	$0(n^{1.4})$	$0(1)$	不稳定
冒泡排序	$0(n^2)$	$0(n^2)$	$0(1)$	稳定
快速排序	$0(n\log_2 n)$	$0(n^2)$	$0(n\log_2 n)$	不稳定
直接选择排序	$0(n^2)$	$0(n^2)$	$0(1)$	不稳定
堆排序	$0(n\log_2 n)$	$0(n\log_2 n)$	$0(1)$	不稳定
归并排序	$0(n\log_2 n)$	$0(n\log_2 n)$	$0(n)$	稳定
基数排序	$0(d\times(r_d+n))$	$0(d\times*(r_d+n))$	$0(n+r_d)$	稳定

从表 9-1 可以得到如下结论。

(1) 如果待排序记录的初始状态基本有序，则选择直接插入排序法和冒泡排序法。

(2) 如果待排序记录 n 较小，则选择直接插入排序法。

(3) 对于记录个数 n 较大的序列，不要求稳定性，同时内存容量不宽余时，可以选择快速排序和堆排序；当 n 值很大，稳定性有要求，容量宽余时，用归并排序最合适，当 n 值较大但关键字较小可以用基数排序法。

(4) 从方法的稳定性看，直接插入排序法、冒泡排序法是稳定的，希尔排序、快速排序、堆排序是不稳定的。

(5) 从平均时间上讲，快速排序是所有排序方法中最好的，但快速排序在最坏情况下时间复杂度比堆排序和归并排序大。当 n 值较大时，归并排序比堆排序省时，但要较大的辅助空间。

本 章 实 训

实训：输入的一组数字实现不同的排序方法，对其由小到大顺序输出。

实训目的

(1) 分别对直接插入排序、希尔排序、冒泡排序、快速排序、选择排序、堆排序算法进行编写。

(2) 对存储的函数即输入的数字进行遍历。

(3) 初始化函数对输入的数字进行保存。

(4) 主函数实现使用者操作界面的编写，对输入、选择、保存、输出的各种实现，其中还包括了各个函数的调用的实现。

(5) 程序所能达到的功能：完成对输入的数字的生成，并通过对各排序的选择实现数字从小到大的输出。

实训环境

(1) 硬件：普通计算机。

(2) 软件：Windows 系统平台；VC++ 6.0/Eclipse/Visio Studio。

实训内容

本程序包含了以下 9 个函数。

(1) 直接插入排序的算法函数 InsertSort( )。

(2) 希尔排序的算法函数 ShellSort( )。

(3) 冒泡排序算法函数 BubbleSort( )。

(4) 快速排序的算法函数 Partition( )。

(5) 选择排序算法函数 SelectSort( )。

(6) 堆排序算法函数 HeapAdjust( )。

(7) 对存储数字的遍历函数 Visit( )。

(8) 初始化函数 InitSqList( )。

(9) 主函数 main( )。

实验最后结果参考：

1. 输入的界面(图 9.12)

图 9.12　输入的界面

2. 排序操作界面(图 9.13)

图 9.13　排序操作界面

3. 各种排序的结果(图 9.14)

图 9.14　排序的结果

程序实现代码如下。

1. 直接插入排序

```c
void InsertSort(SqList &L)
{
    int i,j;
    for( i=2; i<=L.length;i++)
    {
        if(L.r[i].key < L.r[i-1].key)
        {
            L.r[0] = L.r[i];
            L.r[i] = L.r[i-1];
            for( j=i-2; (L.r[0].key < L.r[j].key); j--)
                L.r[j+1] = L.r[j];
            L.r[j+1] = L.r[0];
        }
    }
}
```

2. 希尔排序

```c
void ShellSort(SqList &L)
{
    int i, j;
    int dk = 1;             //增量
    while(dk <=L.length/3)
        dk = 3*dk+1;        //增大增量
    while(dk>0)
    {
        dk /= 3;            //减小增量
        for (i = dk; i <=L.length; i++)
        {
            L.r[0].key = L.r[i].key;
            j = i;
            while ((j >= dk) && (L.r[j-dk].key > L.r[0].key))
            {
                L.r[j].key = L.r[j-dk].key;
                j -= dk;
            }
            L.r[j].key = L.r[0].key;
        }
    }
}
```

3. 冒泡排序

```
void BubbleSort(SqList &L)
{
    int i,j;
    for(i=0;i<L.length-2;i++)
    {
        int flag = 1;
        for(j=0;j<L.length-i-2;j++)
            if(L.r[j].key > L.r[j+1].key)
            {
                flag = 0;
                int temp;
                temp = L.r[j].key;
                L.r[j].key = L.r[j+1].key;
                L.r[j+1].key = temp;
            }
            //若无交换则说明已经有序
            if(flag==1)
                break;
    }

}
```

4. 快速排序

```
int Partition(SqList &L,int low,int high)
{
    //分割区域函数
    L.r[0] = L.r[low];
    int pivotkey = L.r[low].key;//一般将顺序表第一个元素作为支点
    while(low < high)
    {
        while(low<high && L.r[high].key>=pivotkey)
            high--;
        L.r[low] = L.r[high];
        while(low<high && L.r[low].key<=pivotkey)
            low++;
        L.r[high] = L.r[low];
    }
    L.r[low] = L.r[0];//返回数据位置
    return low;
}
void QSort(SqList &L,int low,int high)
```

```
{
        //每张子表的快速排序
        if(low<high)
        {
            int pivotloc = Partition(L,low,high);
            QSort(L,low,pivotloc-1);
            QSort(L,pivotloc+1,high);
        }
}
void QuickSort(SqList &L)
{
        QSort(L,1,L.length);
}
```

5. 简单选择排序

```
void SelectSort(SqList &L)
{
        int min;
        int j;
        for (int i = 0; i <L.length; i++)
        {   // 选择第 i 小的记录,并交换
            j = i;
            min = L.r[i].key;
            for (int k = i; k < L.length; k++)
            {   // 在 R[I,…, n-1]中选择最小的记录
                if (L.r[k].key < min)
                {
                    min = L.r[k].key ;
                    j = k;
                }
            }
            if (i != j)
            {   // 与第 i 个记录交换
                int temp = L.r[i].key;
                L.r[i].key = L.r[j].key;
                L.r[j].key = temp;
            }
        }
}
```

6. 堆排序

```
void HeapAdjust(HeapType &H,int s,int m)
{
    //堆调整,将记录调整为小顶堆
```

```
    int j;
    RedType rc = H.r[s];//暂时存储根结点
    for(j=2*s; j<=m; j*=2)
    {
        //沿着结点记录较小的向下筛选
        if(j<m && H.r[j].key<H.r[j+1].key)
            ++j;
        if(rc.key>= H.r[j].key)
            break;
        H.r[s] = H.r[j];
        s = j;
    }
    H.r[s] = rc;
}
void HeapSort(HeapType &H)
{
    int i;
    RedType temp;
    for(i = H.length; i>0; --i)
        HeapAdjust(H,i,H.length);
    for(i=H.length; i>1; --i)
    {

        temp = H.r[1];
        H.r[1] = H.r[i];
        H.r[i] = temp;
        HeapAdjust(H,1,i-1);
    }
}
```

7. 遍历函数与初始化

```
void Visit(SqList L)
{
    for(int i=1; i<=L.length; i++)
        cout<<L.r[i].key<<" ";
    cout<<endl;
}
void InitSqList(SqList &L,int a[])
{
    for(int i=1;i<=L.length;i++)
        L.r[i].key = a[i];
}
```

本 章 习 题

1. 填空题

(1) 若待排序的序列中存在多个记录具有相同的键值，经过排序，这些记录的相对次序仍然保持不变，则称这种排序方法是_____的，否则称为_____的。

(2) 按照排序过程涉及的存储设备的不同，排序可分为_____排序和_____排序。

(3) 直接插入排序用监视哨的作用是_____。

(4) 对 n 个记录的表 r[1，…，n]进行简单选择排序，所需进行的关键字间的比较次数为_____。

(5) 下面的排序算法的思想是：第一趟比较将最小的元素放在 r[1]中，最大的元素放在 r[n]中；第二趟比较将次小的放在 r[2]中；将次大的放在 r[n-1]中；依次下去，直到待排序列为递增序。(注：<-->)代表两个变量的数据交换)。

```
void  sort(SqList &r,int n)
{
    i=1;
    while((1)_____)
    {
        min=max=1;
        for (j=i+1;(2)_____ ;++j)
        {
            if((3)_____) min=j;
            else if(r[j].key>r[max].key)  max=j;
        }
        if((4)_____) r[min] < ---- >r[j];
        if(max!=n-i+1)
            {
            if ((5)_____) r[min] < ---- > r[n-i+1];
            else ((6)_____);
            }
        i++;
    }
}//sort
```

(6) 下列算法为奇偶交换排序，思路如下：第一趟对所有奇数的 i，将 a[i]和 a[i+1]进行比较；第二趟对所有偶数的 i，将 a[i]和 a[i+1]进行比较，每次比较时若 a[i]>a[i+1]，将二者交换；以后重复上述二趟过程，直至整个数组有序。

```
void sort (int a[n])
{
    int flag,i,t;
    do
```

```
        {
            flag=0;
            for(i=1;i<n;i++,i++)
                if(a[i]>a[i+1])
                {
                    flag=①_____;
                    t=a[i+1];
                    a[i+1]=a[i];
                    ②_____;
                }
        for ③_____
            if (a[i]>a[i+1])
            {
                flag=④_____;
                t=a[i+1];
                a[i+1]=a[i];
                a[i]=t;}
            }
        }
        while ⑤_____;
}
```

2．选择题

(1) 从未排序序列中依次取出一个元素与已排序序列中的元素依次进行比较，然后将其放在已排序序列的合适位置，该排序方法称为(　　)排序法。

　　A．直接插入　　　　B．简单选择　　　C．希尔　　　　　D．二路归并

(2) 直接插入排序在最好情况下的时间复杂度为(　　)。

　　A．O(logn)　　　　B．O(n)　　　　　C．O(n*logn)　　D．O(n2)

(3) 设有一组关键字值(46，79，56，38，40，84)，则用堆排序的方法建立的初始堆为(　　)。

　　A．79，46，56，38，40，80　　　　　B．84，79，56，38，40，46

　　C．84，79，56，46，40，38　　　　　D．84，56，79，40，46，38

(4) 设有一组关键字值(46，79，56，38，40，84)，若用快速排序的方法，则以第一个记录为基准得到的一次划分结果为(　　)。

　　A．38，40，46，56，79，84　　　　　B．40，38，46，79，56，84

　　C．40，38，46，56，79，84　　　　　D．40，38，46，84，56，79

(5) 将两个各有 n 个元素的有序表归并成一个有序表，最少进行(　　)次比较。

　　A．n　　　　　　　B．2n-1　　　　　C．2n　　　　　D．n-1

(6) 下列排序方法中，排序趟数与待排序列的初始状态有关的是(　　)。

　　A．直接插入　　　　B．简单选择　　　C．起泡　　　　　D．堆

(7) 下列排序方法中，不稳定的是(　　)。

　　A．直接插入　　　　B．起泡　　　　　C．二路归并　　　D．堆

(8) 若要在 O(nlog2n)的时间复杂度上完成排序，且要求排序是稳定的，则可选择下列排序方法中的(　　)。

　　A．快速　　　　　　B．堆　　　　　　C．二路归并　　　D．直接插入

(9) 设有 1000 个无序的数据元素，希望用最快的速度挑选出关键字最大的前 10 个元素，最好选用(　　)排序法。

　　A．起泡　　　　　B．快速　　　　　C．堆　　　　　D．基数

(10) 若待排元素已按关键字值基本有序，则下列排序方法中效率最高的是(　　)。

　　A．直接插入　　　B．简单选择　　C．快速　　　　D．二路归并

(11) 数据序列(8，9，10，4，5，6，20，1，2)只能是下列排序算法中的(　　)的两趟排序后的结果。

　　A．选择排序　　　B．冒泡排序　　　C．插入排序　　D．堆排序

(12) (　　)占用的额外空间的空间复杂性为 O(1)。

　　A．堆排序算法　　　　　　　　　B．归并排序算法

　　C．快速排序算法　　　　　　　　D．以上答案都不对

(13) 对一组数据(84，47，25，15，21)排序，数据的排列次序在排序的过程中的变化为：

① 84 47 25 15 21　　　② 15 47 25 84 21　　　③ 15 21 25 84 47　　　④ 15 21 25 47 84

则采用的排序是(　　)。

　　A．选择　　　　　B．冒泡　　　　　C．快速　　　　D．插入

(14) 一个排序算法的时间复杂度与(　　)有关。

　　A．排序算法的稳定性　　　　　　B．所需比较关键字的次数

　　C．所采用的存储结构　　　　　　D．所需辅助存储空间的大小

(15) 适合并行处理的排序算法是(　　)。

　　A．选择排序　　　B．快速排序　　C．希尔排序　　D．基数排序

(16) 下列排序算法中，(　　)算法可能会出现下面的情况：初始数据有序时，花费的时间反而最多。

　　A．快速排序　　　B．堆排序　　　　C．希尔排序　　D．起泡排序

(17) 有些排序算法在每趟排序过程中，都会有一个元素被放置在其最终的位置上，下列算法不会出现此情况的是(　　)。

　　A．希尔排序　　　B．堆排序　　　　C．起泡排序　　D．快速排序

(18) 在文件"局部有序"或文件长度较小的情况下，最佳内部排序的方法是(　　)。

　　A．直接插入排序　　　　　　　　B．起泡排序

　　C．简单选择排序　　　　　　　　D．快速排序

(19) 下列排序算法中(　　)算法可能会出现下面情况：在最后一趟开始之前，所有元素都不在其最终的位置上。

　　A．堆排序　　　　B．冒泡排序　　　C．快速排序　　D．插入排序

(20) 下列排序算法中，占用辅助空间最多的是(　　)。

　　A．归并排序　　　B．快速排序　　　C．希尔排序　　D．堆排序

(21) 从未排序序列中依次取出一个元素与已排序序列中的元素依次进行比较，然后将其放在已排序序列的合适位置，该排序方法称为(　　)排序法。

　　A．插入　　　　　B．选择　　　　　C．希尔　　　　D．二路归并

(22) 用直接插入排序方法对下面 4 个序列进行排序(由小到大)，元素比较次数最少的是(　　)。

　　A．94，32，40，90，80，46，21，69　　　　B．32，40，21，46，69，94，90，80

　　C．21，32，46，40，80，69，90，94　　　　D．90，69，80，46，21，32，94，40

(23) 对序列{15，9，7，8，20，-1，4}用希尔排序方法排序，经一趟后序列变为{15，-1，4，8，20，9，7}，则该次采用的增量是(　　)。

　　　A. 1　　　　　　　　B. 4　　　　　　　　C. 3　　　　　　　　D. 2

(24) 在含有 n 个关键字的小根堆(堆顶元素最小)中，关键字最大的记录有可能存储在(　　)位置上。

　　　A. $\lfloor n/2 \rfloor$　　　　　B. $\lfloor n/2 \rfloor$-1　　　　　C. 1　　　　　D. $\lfloor n/2 \rfloor$+2

(25) 对 n 个记录的线性表进行快速排序为减少算法的递归深度，以下叙述正确的是(　　)。

　　　A. 每次分区后，先处理较短的部分

　　　B. 每次分区后，先处理较长的部分

　　　C. 与算法每次分区后的处理顺序无关

　　　D. 以上三者都不对

(26) 从堆中删除一个元素的时间复杂度为(　　)。

　　　A. O(1)　　　　　　B. O($\log_2 n$)　　　　C. O(n)　　　　D. O($n\log_2 n$)

3. 简答题

(1) 对于给定的一组键值：83，40，63，13，84，35，96，57，39，79，61，15，分别画出应用直接插入排序、直接选择排序、快速排序、堆排序、归并排序对上述序列进行排序的各趟结果。

(2) 已知数据序列为(12，5，9，20，6，31，24)，对该数据序列进行排序，试写出插入排序和冒泡排序每趟的结果。

参 考 文 献

[1] 张红霞，白桂梅. 数据结构与实训[M]. 北京：电子工业出版社，2010.

[2] 赵国玲. 数据结构[M]. 北京：机械工业出版社，2006.

[3] 严蔚敏. 数据结构(C 语言版)[M]. 北京：清华大学出版社，2004.

[4] 殷人昆. 数据结构(用面向对象和 C++语言描述)[M]. 北京：清华大学出版社，2006.

[5] 殷人昆. 数据结构习题集[M]. 北京：清华大学出版社，2006.

[6] 张永. 算法与数据结构[M]. 北京：国防大学出版社，2010.

[7] 王立柱. C/C++与数据结构[M]. 北京：清华大学出版社，2010.

[8] 王庆瑞. 数据结构与算法基础[M]. 北京：机械工业出版社，2010.

[9] Michael McMillan. Data structures an algorithms using C#[M]. Cambridge: Cambridge University Press，2007.

[10] 曲建民，刘元红，郑陶然. 数据结构[M]. 北京：清华大学出版社，2005.

[11] 梁作娟，唐瑞春. 数据结构习题解答与考试指导[M]. 北京：清华大学出版社，2004.

[12] 耿国华. 数据结构——C 语言描述[M]. 北京：高等教育出版社，2005.

[13] 宁正元，易金聪. 数据结构习题解析与上机实验指导[M]. 北京：中国水利水电出版社，2000.

[14] 王路群. 数据结构(C 语言描述)[M]. 北京：中国水利水电出版社，2007.

全国高职高专计算机、电子商务系列教材推荐书目

【语言编程与算法类】

序号	书号	书名	作者	定价	出版日期	配套情况
1	978-7-301-13632-4	单片机 C 语言程序设计教程与实训	张秀国	25	2012	课件
2	978-7-301-15476-2	C 语言程序设计(第 2 版)(2010 年度高职高专计算机类专业优秀教材)	刘迎春	32	2013 年第 3 次印刷	课件、代码
3	978-7-301-14463-3	C 语言程序设计案例教程	徐翠霞	28	2008	课件、代码、答案
4	978-7-301-17337-4	C 语言程序设计经典案例教程	韦良芬	28	2010	课件、代码、答案
5	978-7-301-20879-3	Java 程序设计教程与实训(第 2 版)	许文宪	28	2013	课件、代码、答案
6	978-7-301-13570-9	Java 程序设计案例教程	徐翠霞	33	2008	课件、代码、习题答案
7	978-7-301-13997-4	Java 程序设计与应用开发案例教程	汪志达	28	2008	课件、代码、答案
8	978-7-301-15618-6	Visual Basic 2005 程序设计案例教程	靳广斌	33	2009	课件、代码、答案
9	978-7-301-17437-1	Visual Basic 程序设计案例教程	严学道	27	2010	课件、代码、答案
10	978-7-301-09698-7	Visual C++ 6.0 程序设计教程与实训(第 2 版)	王丰	23	2009	课件、代码、答案
11	978-7-301-22587-5	C#程序设计基础教程与实训(第 2 版)	陈广	40	2013 年第 1 次印刷	课件、代码、视频、答案
12	978-7-301-14672-9	C#面向对象程序设计案例教程	陈向东	28	2012 年第 3 次印刷	课件、代码、答案
13	978-7-301-16935-3	C#程序设计项目教程	宋桂岭	26	2010	课件
14	978-7-301-15519-6	软件工程与项目管理案例教程	刘新航	28	2011	课件、答案
15	978-7-301-12409-3	数据结构(C 语言版)	夏燕	28	2011	课件、代码、答案
16	978-7-301-14475-6	数据结构(C#语言描述)	陈广	28	2012 年第 3 次印刷	课件、代码、答案
17	978-7-301-14463-3	数据结构案例教程(C 语言版)	徐翠霞	28	2013 年第 2 次印刷	课件、代码、答案
18	978-7-301-23014-5	数据结构(C/C#/Java 版)	唐懿芳等	32	2013	课件、代码、答案
19	978-7-301-18800-2	Java 面向对象项目化教程	张雪松	33	2011	课件、代码、答案
20	978-7-301-18947-4	JSP 应用开发项目化教程	王志勃	26	2011	课件、代码、答案
21	978-7-301-19821-6	运用 JSP 开发 Web 系统	涂刚	34	2012	课件、代码、答案
22	978-7-301-19890-2	嵌入式 C 程序设计	冯刚	29	2012	课件、代码、答案
23	978-7-301-19801-8	数据结构及应用	朱珍	28	2012	课件、代码、答案
24	978-7-301-19940-4	C#项目开发教程	徐超	34	2012	课件
25	978-7-301-15232-4	Java 基础案例教程	陈文兰	26	2009	课件、代码、答案
26	978-7-301-20542-6	基于项目开发的 C#程序设计	李娟	32	2012	课件、代码、答案
27	978-7-301-19935-0	J2SE 项目开发教程	何广军	25	2012	素材、答案
28	978-7-301-18413-4	JavaScript 程序设计案例教程	许旻	24	2011	课件、代码、答案
29	978-7-301-17736-5	.NET 桌面应用程序开发教程	黄河	30	2010	课件、代码、答案
30	978-7-301-19348-8	Java 程序设计项目化教程	徐义晗	36	2011	课件、代码、答案
31	978-7-301-19367-9	基于.NET 平台的 Web 开发	严月浩	37	2011	课件、代码、答案

【网络技术与硬件及操作系统类】

序号	书号	书名	作者	定价	出版日期	配套情况
1	978-7-301-14084-0	计算机网络安全案例教程	陈昶	30	2008	课件
2	978-7-301-16877-6	网络安全基础教程与实训(第 2 版)	尹少平	30	2012 年第 4 次印刷	课件、素材、答案
3	978-7-301-13641-6	计算机网络技术案例教程	赵艳玲	28	2008	课件
4	978-7-301-18564-3	计算机网络技术案例教程	宁芳露	35	2011	课件、习题答案
5	978-7-301-10290-9	计算机网络技术基础教程与实训	桂海进	28	2010	课件、答案
6	978-7-301-10887-1	计算机网络安全技术	王其良	28	2011	课件、答案
7	978-7-301-21754-2	计算机系统安全与维护	吕新荣	30	2013	课件、素材、答案
8	978-7-301-12325-6	网络维护与安全技术教程与实训	韩最蛟	32	2010	课件、习题答案
9	978-7-301-09635-2	网络互联及路由器技术教程与实训(第 2 版)	宁芳露	27	2012	课件、答案
10	978-7-301-15466-3	综合布线技术教程与实训(第 2 版)	刘省贤	36	2012	课件、习题答案
11	978-7-301-14673-6	计算机组装与维护案例教程	谭宁	33	2012 年第 3 次印刷	课件、习题答案
12	978-7-301-13320-0	计算机硬件组装和评测及数码产品评测教程	周奇	36	2008	课件
13	978-7-301-12345-4	微型计算机组成原理教程与实训	刘辉珞	22	2010	课件、习题答案
14	978-7-301-16736-6	Linux 系统管理与维护(江苏省省级精品课程)	王秀平	29	2013 年第 3 次印刷	课件、习题答案
15	978-7-301-22967-5	计算机操作系统原理与实训（第 2 版）	周峰	36	2013	课件、答案
16	978-7-301-16047-3	Windows 服务器维护与管理教程与实训(第 2 版)	鞠光明	33	2010	课件、答案
17	978-7-301-14476-3	Windows2003 维护与管理技能教程	王伟	29	2009	课件、习题答案
18	978-7-301-18472-1	Windows Server 2003 服务器配置与管理情境教程	顾红燕	24	2012 年第 2 次印刷	课件、习题答案

【网页设计与网站建设类】

序号	书号	书名	作者	定价	出版日期	配套情况
1	978-7-301-15725-1	网页设计与制作案例教程	杨森香	34	2011	课件、素材、答案
2	978-7-301-15086-3	网页设计与制作教程与实训(第 2 版)	于巧娥	30	2011	课件、素材、答案
3	978-7-301-13472-0	网页设计案例教程	张兴科	30	2009	课件
4	978-7-301-17091-5	网页设计与制作综合实例教程	姜春莲	38	2010	课件、素材、答案
5	978-7-301-16854-7	Dreamweaver 网页设计与制作案例教程(2010年度高职高专计算机类专业优秀教材)	吴 鹏	41	2012	课件、素材、答案
6	978-7-301-21777-1	ASP .NET 动态网页设计案例教程(C#版)(第 2 版)	冯 涛	35	2013	课件、素材、答案
7	978-7-301-10226-8	ASP 程序设计教程与实训	吴 鹏	27	2011	课件、素材、答案
8	978-7-301-16706-9	网站规划建设与管理维护教程与实训(第 2 版)	王春红	32	2011	课件、答案
9	978-7-301-21776-4	网站建设与管理案例教程(第 2 版)	徐洪祥	31	2013	课件、素材、答案
10	978-7-301-17736-5	.NET 桌面应用程序开发教程	黄 河	30	2010	课件、素材、答案
11	978-7-301-19846-9	ASP .NET Web 应用案例教程	于 洋	26	2012	课件、素材
12	978-7-301-20565-5	ASP.NET 动态网站开发	崔 宁	30	2012	课件、答案
13	978-7-301-20634-8	网页设计与制作基础	徐文平	28	2012	课件、素材、答案
14	978-7-301-20659-1	人机界面设计	张 丽	25	2012	课件、素材、答案
15	978-7-301-22532-5	网页设计案例教程(DIV+CSS 版)	马 涛	32	2013	课件、素材、答案
16	978-7-301-23045-9	基于项目的 Web 网页设计技术	苗彩霞	36	2013	课件、素材、答案

【图形图像与多媒体类】

序号	书号	书名	作者	定价	出版日期	配套情况
1	978-7-301-21778-8	图像处理技术教程与实训(Photoshop 版)（第 2 版）	钱 民	40	2013	课件、素材、答案
2	978-7-301-14670-5	Photoshop CS3 图形图像处理案例教程	洪 光	32	2010	课件、素材、答案
3	978-7-301-13568-6	Flash CS3 动画制作案例教程	俞 欣	25	2012 年第 4 次印刷	课件、素材、答案
4	978-7-301-18946-7	多媒体技术与应用教程与实训(第 2 版)	钱 民	33	2012	课件、素材、答案
5	978-7-301-17136-3	Photoshop 案例教程	沈道云	25	2011	课件、素材、视频
6	978-7-301-19304-4	多媒体技术与应用案例教程	刘辉珞	34	2011	课件、素材、答案
7	978-7-301-20685-0	Photoshop CS5 项目教程	高晓黎	36	2012	课件、素材

【数据库类】

序号	书号	书名	作者	定价	出版日期	配套情况
1	978-7-301-13663-8	数据库原理及应用案例教程(SQL Server 版)	胡锦丽	40	2010	课件、素材、答案
2	978-7-301-16900-1	数据库原理及应用(SQL Server 2008 版)	马桂婷	31	2011	课件、素材、答案
3	978-7-301-15533-2	SQL Server 数据库管理与开发教程与实训(第 2 版)	杜兆将	32	2012	课件、素材、答案
4	978-7-301-13315-6	SQL Server 2005 数据库基础及应用技术教程与实训	周 奇	34	2013 年第 7 次印刷	课件
5	978-7-301-15588-2	SQL Server 2005 数据库原理与应用案例教程	李 军	27	2009	课件
6	978-7-301-16901-8	SQL Server 2005 数据库系统应用开发技能教程	王 伟	28	2010	课件
7	978-7-301-17174-5	SQL Server 数据库实例教程	汤承林	38	2010	课件、习题答案
8	978-7-301-17196-7	SQL Server 数据库基础与应用	贾艳宇	39	2010	课件、习题答案
9	978-7-301-17605-4	SQL Server 2005 应用教程	梁庆枫	25	2012 年第 2 次印刷	课件、习题答案
10	978-7-301-18750-0	大型数据库及其应用	孔勇奇	32	2011	课件、素材、答案

【电子商务类】

序号	书号	书名	作者	定价	出版日期	配套情况
1	978-7-301-12344-7	电子商务物流基础与实务	邓之宏	38	2010	课件、习题答案
2	978-7-301-12474-1	电子商务原理	王 震	34	2008	课件
3	978-7-301-12346-1	电子商务案例教程	龚 民	24	2010	课件、习题答案
4	978-7-301-18604-6	电子商务概论（第 2 版）	于巧娥	33	2012	课件、习题答案

【专业基础课与应用技术类】

序号	书号	书名	作者	定价	出版日期	配套情况
1	978-7-301-13569-3	新编计算机应用基础案例教程	郭丽春	30	2009	课件、习题答案
2	978-7-301-18511-7	计算机应用基础案例教程(第 2 版)	孙文力	32	2012 年第 2 次印刷	课件、习题答案
3	978-7-301-16046-6	计算机专业英语教程(第 2 版)	李 莉	26	2010	课件、答案
4	978-7-301-19803-2	计算机专业英语	徐 娜	30	2012	课件、素材、答案
5	978-7-301-21004-8	常用工具软件实例教程	石朝晖	37	2012	课件

电子书(PDF 版)、电子课件和相关教学资源下载地址：http://www.pup6.com，欢迎下载。
联系方式：010-62750667，liyanhong1999@126.com，linzhangbo@126.com，欢迎来电来信。